省级电网调控云
应用服务手册

主　编　阙凌燕
副主编　钱建国　孙志华

中国电力出版社
CHINA ELECTRIC POWER PRESS

内 容 提 要

　　为满足省级电网调控云管理、研发、运维、使用等人员深入了解调控云的需求，国网浙江省电力有限公司组织编写了本书。本书共分6章，前3章从省级电网调控云平台架构、数据资产、服务体系等方面对调控云资源进行了整体介绍，第4章对调控云应用研发规范化进行介绍，第5、6章对调控云应用上线规范及运维保障等内容进行了介绍。

　　本书概念清晰，示例翔实，充分反映了近年来调控云技术及相关应用发展成果。本书可供从事电网调度自动化相关技术人员学习和培训使用，也可以作为省级电网调控相关应用开发、运维人员的参考用书。

图书在版编目（CIP）数据

省级电网调控云应用服务手册 / 阙凌燕主编 . — 北京 : 中国电力出版社，2024.5（2025.9重印）
ISBN 978-7-5198-8757-5

Ⅰ.①省… Ⅱ.①阙… Ⅲ.①电力系统调度－手册 Ⅳ.① TM73-62

中国国家版本馆 CIP 数据核字（2024）第 064061 号

出版发行：中国电力出版社
地　　址：北京市东城区北京站西街 19 号（邮政编码 100005）
网　　址：http://www.cepp.sgcc.com.cn
责任编辑：王蔓莉
责任校对：黄　蓓　常燕昆
装帧设计：赵丽媛
责任印制：石　雷

印　　刷：北京天宇星印刷厂
版　　次：2024 年 5 月第一版
印　　次：2025 年 9 月北京第二次印刷
开　　本：710 毫米 ×1000 毫米　16 开本
印　　张：14.75
字　　数：225 千字
印　　数：2001—2500 册
定　　价：89.00 元

编　委　会

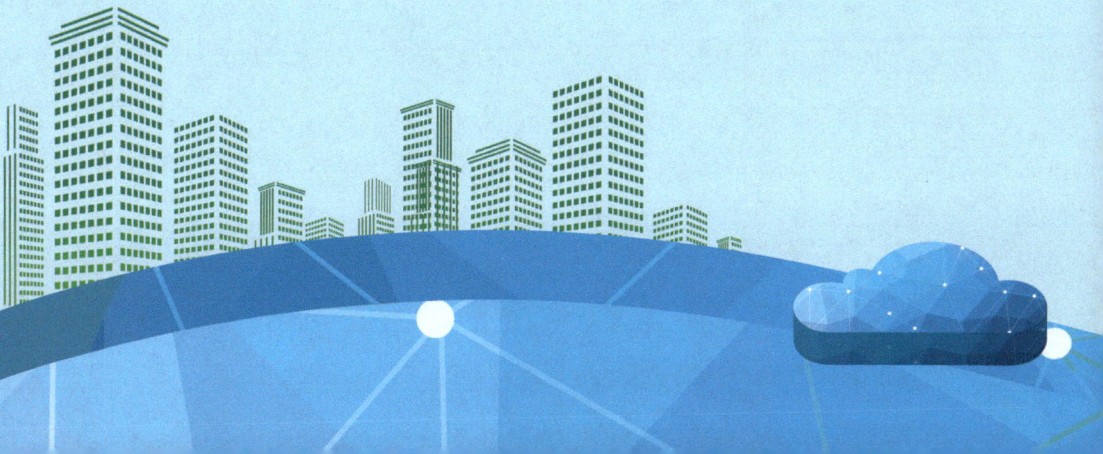

前　言

省级电网调控云采用物理分布、逻辑统一的架构模式，基于虚拟化、分布式及服务化的云技术理念，建设具有资源虚拟化、数据标准化、应用服务化等特征云应用生态，是电网调控云的协同节点，为电力调控业务提供云服务的支撑平台。

国网浙江省电力有限公司（以下简称"浙江电力"）为贯彻党中央"数字中国"建设精神，落实国家电网有限公司数字化转型要求，通过省级电网调控云"算力＋电力"打通电网数据感知、业务决策、运行管理各环节，采用先进数字技术构建孪生电网，推动了传统电网数字化转型，更好地服务新型电力系统示范窗口建设。浙江电力作为国家电网有限公司省级电网调控云建设的首批试点单位，在应用建设、系统运维和管理中积累了丰富的经验，通过规范省级电网调控云研发、建设和运维管理等要求，总结提炼省级电网调控云应用建设过程中存在的各类问题及其解决方案，对促进电网调度数字化转型和提升电网运行效率具有重要意义，为此浙江电力组织编制了《省级电网调控云应用服务手册》一书。

本书从调控云平台架构、数据资产、服务体系、应用研发、应用上线、运维保障 6 个方面系统阐述了调控云建设运维的重点内容，希望能够为省级电网调控云研发、建设、运维等提供参考，从而为提升电网运行质效提供绵薄之力。

本书由阙凌燕、孙志华负责总体结构和统稿，由钱建国、阙凌燕、张静负责审稿。其中第 1 章由蒋正威、张静、金学奇、支月媚、张国印编写，第 2 章由钱建国、卢敏、方超、施正钗、陈国恩、张立权、胡真瑜编写，第 3 章由阙凌燕、罗烨锋、庞郑宁、赵福全、朱展编写，第 4 章由孙志华、朱乐超、许琰、肖禹、章洪良编写，第 5 章由张心心、张超、章杜锡、陈楠、黄浩编写，第 6 章由娄冰、徐红泉、张静（女）、马国梁编写。浙江华云信息科技有限公司、南京南瑞信息通信有限公司、泰豪软件股份有限公司在本书编写过程中给予了大力支持，在此表示特别感谢。

限于编者水平，书中难免有疏漏和不足之处，恳请读者提出批评和指正。

编者

2024 年 1 月

目 录
MULU

前言

第1章
平台架构

1.1	总体架构	– 002 –
1.2	站点规划	– 003 –
1.3	站点双活	– 004 –
1.4	网络架构	– 007 –
1.5	硬件架构	– 009 –
1.6	软件架构	– 011 –

第2章
数据资产

2.1	对象建模方法	– 016 –
2.2	数据资产管控	– 034 –
2.3	数据汇集存储	– 037 –
2.4	数据资产目录	– 042 –
2.5	数据安全规范	– 052 –

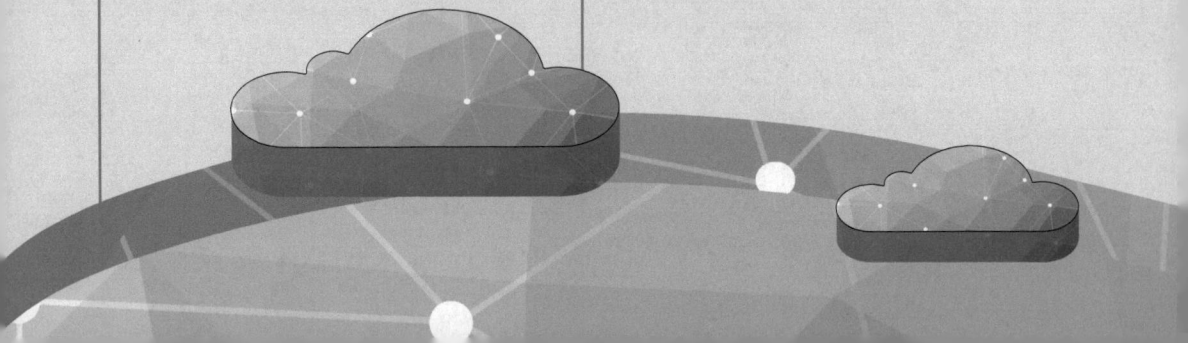

第3章
服务体系

3.1　服务概述　　　– 060 –

3.2　公共类服务　　　– 068 –

3.3　基础类服务　　　– 071 –

3.4　模型类服务　　　– 072 –

3.5　数据类服务　　　– 072 –

3.6　计算类服务　　　– 073 –

3.7　展示类服务　　　– 074 –

3.8　交互类服务　　　– 074 –

第4章
应用研发

4.1　运行环境要求　　　– 076 –

4.2　微服务研发　　　– 076 –

4.3　云上应用研发　　　– 087 –

4.4　应用界面研发　　　– 101 –

4.5　数据访问研发　　　– 122 –

4.6　应用研发安全　　　– 130 –

第 5 章

应用上线

5.1	流程概述	– 142 –
5.2	资源准备	– 143 –
5.3	集成测试	– 157 –
5.4	应用发布	– 159 –
5.5	上线运行	– 164 –
5.6	升级运维	– 165 –

第 6 章

运维保障

6.1	运维组织	– 170 –
6.2	平台运维	– 171 –
6.3	数据运维	– 172 –
6.4	应用保障	– 174 –
6.5	安全管控	– 176 –

附录 1	省级电网调控云数据目录	– 179 –
附录 2	省级电网调控云服务清单	– 209 –

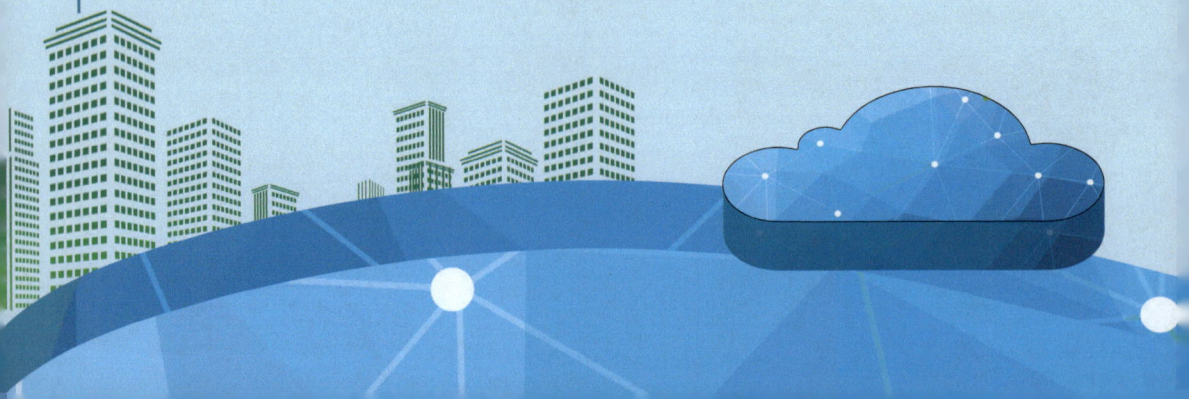

第 1 章

···

平台架构

电网调控云是适应电网一体化运行特征，以电网调度专业管理业务为需求导向，依托云计算、大数据和移动互联网等数字化新技术，构建"资源虚拟化、数据标准化、应用服务化"的"1+27"调控业务技术支撑体系，省级电网调控云作为电网调控云的协同节点，是省级调控领域数字化转型的平台的基础，提供基础设施服务、应用运行环境支撑、数据资产服务等，同时承载调控中心管理信息大区的各专业业务应用。

本章重点阐述了省级电网调控云与电网调控云之间的关系，详细介绍了省级电网调控云平台架构，为后续章节阐述和讲解提供基础。

1.1 总体架构

　　为适应"统一管理、分级调度"的调度管理模式，电网调控云采用统一和分布相结合的分级部署模式，构建跨调度机构的"1个主导节点、27个协同节点、多个接入节点"的主从协同、两级三层多中心云服务架构，两级云节点独立运行并有机协同，各类数据通过接入节点进行源端维护，全局共享，采用高可靠的双活／多站点建设模式，实现业务双活，共同构成电网调控云支持体系。电网调控云总体架构如图1-1所示。

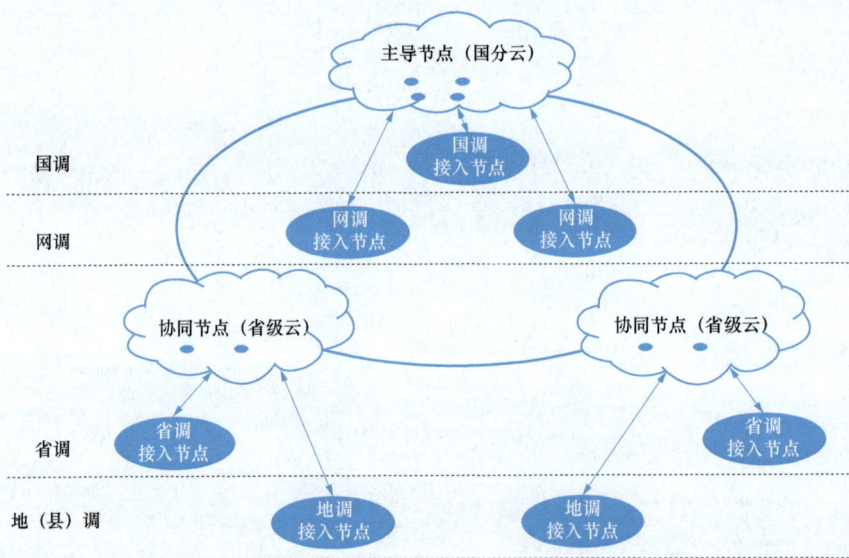

图1-1　电网调控云总体架构

　　国分云作为电网调控云的主导节点处于电网调控云的核心位置，统领电网调控云的数据标准化、服务标准化、安全标准化，为省级电网调控云提供标准数据结构，部署220kV及以上主网模型数据及其应用功能，侧重于国分省调主网业务。

　　省级电网调控云作为电网调控云的协同节点，遵循主导节点标准，与主导节点协同实现省级电网数据汇集和业务分析等，部署 10kV 及以上省级电网模型数据及其应用功能，侧重于省地县配调电网业务。

通过多个部署在原系统侧或边缘侧的接入节点，实现模型数据接入和各类信息采集，同时承接与外部系统交换的功能。两级云节点和接入节点基于电网调控云提供广域、高速、专用数据资源共享网络，实现两级云数据共享、云边协同。

主导节点和协同节点在硬件资源层面各自独立进行管理。

（1）在数据层面，主导节点作为电网调控云各类模型及数据的中心，负责元数据和字典数据的管理，并负责电网调控云各类数据的数据模型建立，以及国调和分中心管辖范围内模型及数据的汇集。协同节点负责所在省级电网模型及数据的汇集并向主导节点同步 / 转发相关数据。

（2）在业务层面，电网调控云作为一个有机整体，由主导节点基于全网模型数据，提供完整的数据资产服务及业务应用，各协同节点基于本省级电网模型数据，为专业应用提供本省级电网数据资产服务。

1.2 站点规划

为保障省级电网调控云的高可用性，各节点均采用双活或多活站点模式建设，即在同一省级电网调控云节点内异地或同城部署两个或多个站点，站点间硬件、网络及相关软件等采用对等配置模式，通过数据同步、应用负载、读写分离等多活技术，同时对外提供服务，实现对电网调控业务应用异地双活 / 多活。

以浙江省级电网调控云节点建设实践为例。浙江电力在遵循省级电网调控云总体建设要求基础上，在建设过程探索了"同城双活、多站融合"的节点建设模式，如图 1-2 所示，在 A、B 站点搭建了同城双活站点，保障省级电网调控云高可用性。在 C 站点搭建调控云孵化测试站点，充分保障新发布应用测试的完整性。在 D 站点搭建人工智能站点，为各专业关于人工智能等高级应用提供人工智能引擎共享服务。

各个站点分别承担各自的职责和用途如下。

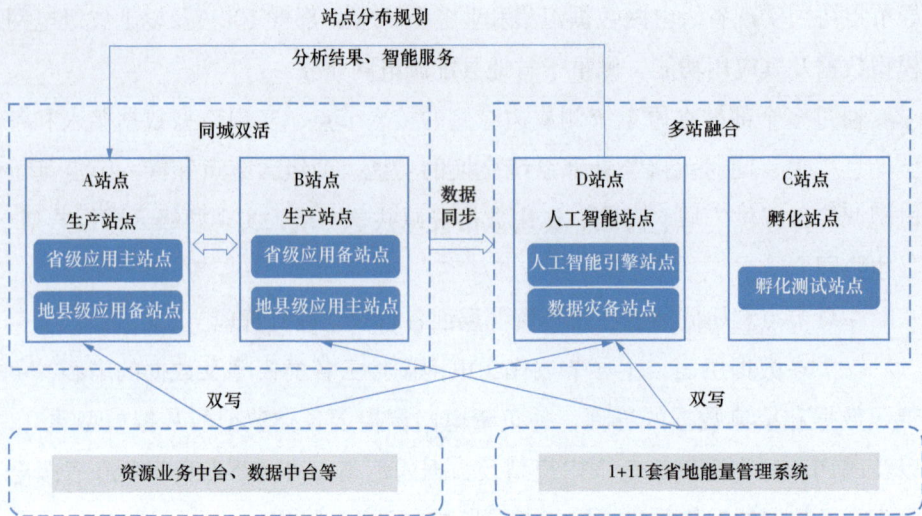

图 1-2　省级电网调控云站点规划

（1）A站点（生产站点）。侧重于省级主网业务，主要部署省调各专业业务应用，为这些业务提供统一规范的计算资源、数据服务、基础组件等平台支撑，同时为地县等核心业务应用备用节点提供双活支撑。

（2）B站点（生产站点）。侧重于地县业务，主要部署地县及直属单位业务应用，为这些业务提供统一规范的计算资源、数据服务、基础组件等平台支撑，同时为省级核心业务应用提供备用站点双活支撑。

（3）C站点（孵化站点）。侧重于业务应用上线前的开发、测试，在孵化站点验收通过后，进行对应生产站点部署上线。

（4）D站点（人工智能站点）。侧重于为各专业应用提供人工智能引擎共享服务，并兼顾省级电网调控云数据应用异地灾备。

1.3　站点双活

省级电网调控云 A、B 站点采用双活模式部署，站点间硬件、网络及相关软件采用对等冗余独立运行方式配置，A、B 站点从数据库、平台服务、应用负载等层面进行双活设计。站点间数据库双活通过读写分离、主备同步等技术确保数据的最终一致性。站点间平台服务双活通过站点间软件版本同步、异常可切换等技术，确保站点服务高可用性。站点间应用双活通过全局负载均衡和服务器负载均衡的组合方案实现，确保各个站点的应用同时提供服务，如图 1-3 所示。

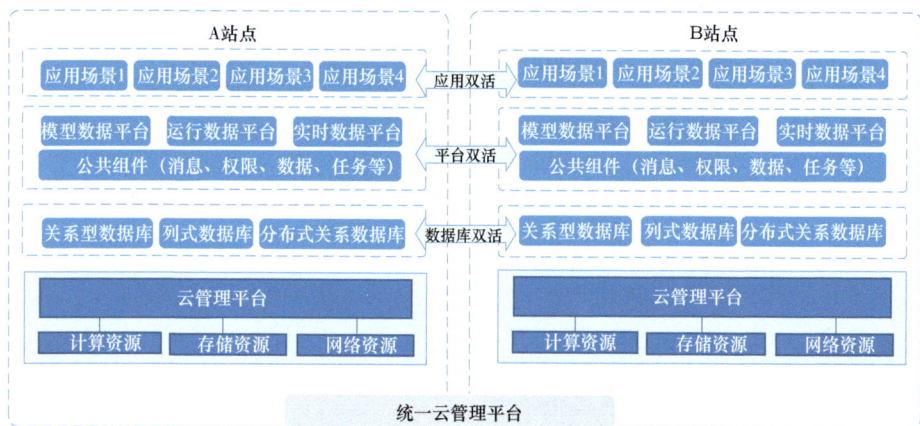

图 1-3　省级电网调控云双活架构

1.3.1　数据库双活

数据库双活一般采用数据库级双活灾备方案，需要解决关系数据库、列式数据库、分布式关系数据库等双活灾备方案。数据库双活示意图如图 1-4 所示。

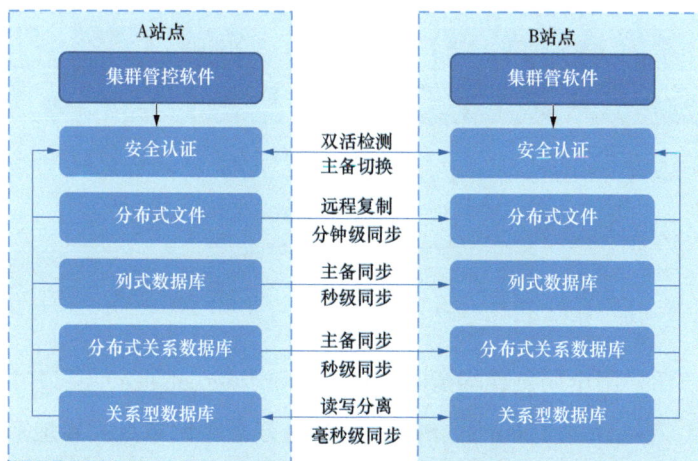

图 1-4　数据库双活示意图

关系型数据库通过归档日志同步重放技术实现站点间数据毫秒级同步，提供读写分离服务即主站点对外提供读写服务，备用站点对外提供只读服务。

列式数据库和分布式关系数据库都采用事务日志传输到备用站点时，按事务逻辑顺序重新执行的技术，实现站点间数据秒级同步，主站点对外提供读写服务，备用站点对外不提供服务，通过集群管控软件和安全认证实时检测双站点存活情况，实现主备站点切换。

1.3.2 平台服务双活

平台服务在 A、B 站点分别部署，同时注册到各个站点的服务总线的注册中心，正常情况下，应用使用同一侧站点内部的平台服务，当某个站点平台服务不可用时，如出现机房掉电、网络故障、注册中心宕机等现象，通过服务总线接口控制切换至另一站点，平台服务地址对应用透明，以此来实现平台服务的双活，如图 1-5 所示。

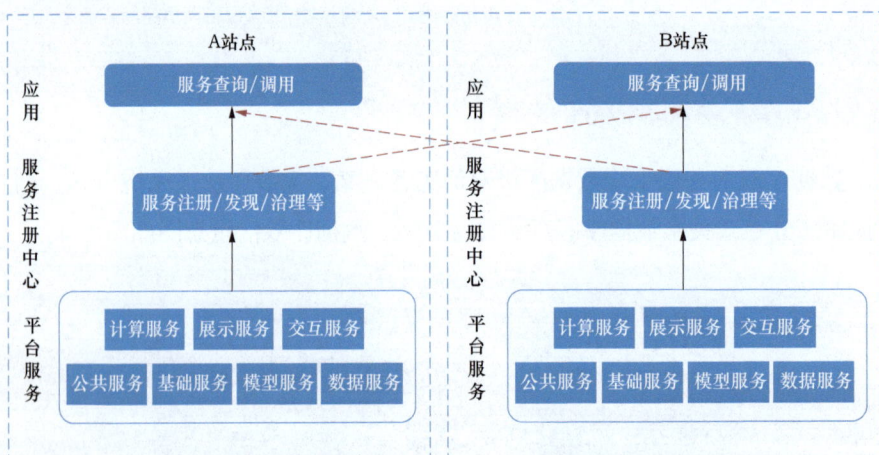

图 1-5 平台服务双活示意图

1.3.3 应用双活

应用双活采用全局负载均衡（global server load balance，GSLB）和服务器负载均衡（server load balance，SLB）的组合方案实现站点间异地双活。为保障业务入口的自动选择和业务虚拟机的负载自动分担及冗余切换，配置域名解析服务（domain name system，DNS）及全局负载均衡服务完成节点入口选择，配置服务器负载均衡服务，完成站点内业务负载分担，如图 1-6 所示。

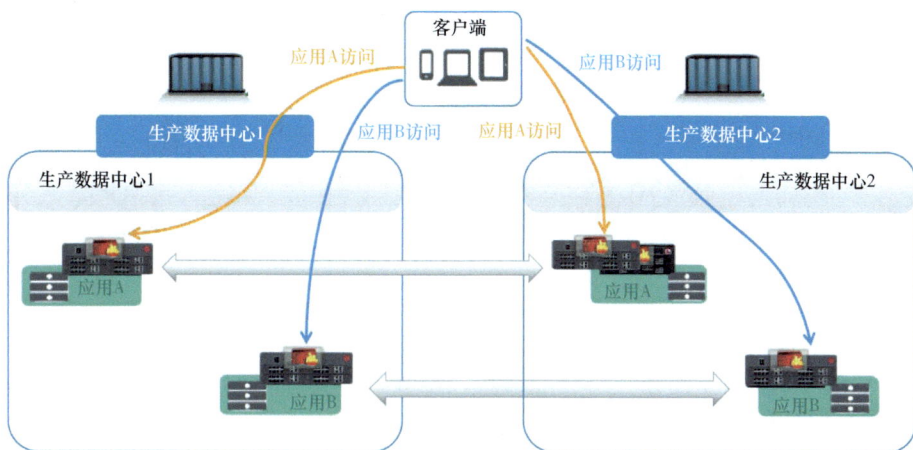

图 1-6　应用负载策略控制示意图

全局负载均衡支持动态智能 DNS 域名解析功能，可根据不同链路的侦测结果选择最佳的链路，支持并不限于健康检查、加权比例、地理位置、优先级、轮询等负载均衡算法；服务器负载均衡支持多种负载均衡调度算法，用于应用的负载分担及健康感知。

根据域名解析服务整体部署策略和域名解析服务系统的业务需求，采用双层域名解析服务架构，主导节点负责维护根域名解析服务，各省级电网调控云负责维护本地域名解析服务。客户端通过域名解析服务解析查询完成域名到业务 IP 的对应关系，全局负载均衡通过智能解析探测确保各站点服务可用，依据负载均衡算法实现服务入口的智能选择。服务器负载均衡探测站点内部的服务可用性并对外发布服务，同时依据负载均衡算法实现业务负载分担和冗余切换。

1.4　网络架构

省级电网调控云网络架构遵循"双链路、双设备"冗余设计原则，按照功能划分前端汇聚网、业务处理网、管理网、后端存储网及资源同步网，其中前端汇聚网、业务处理网、管理网、后端存储网为省级电网调控云局域网络，资源同步网为广域网络，如图 1-7 所示。

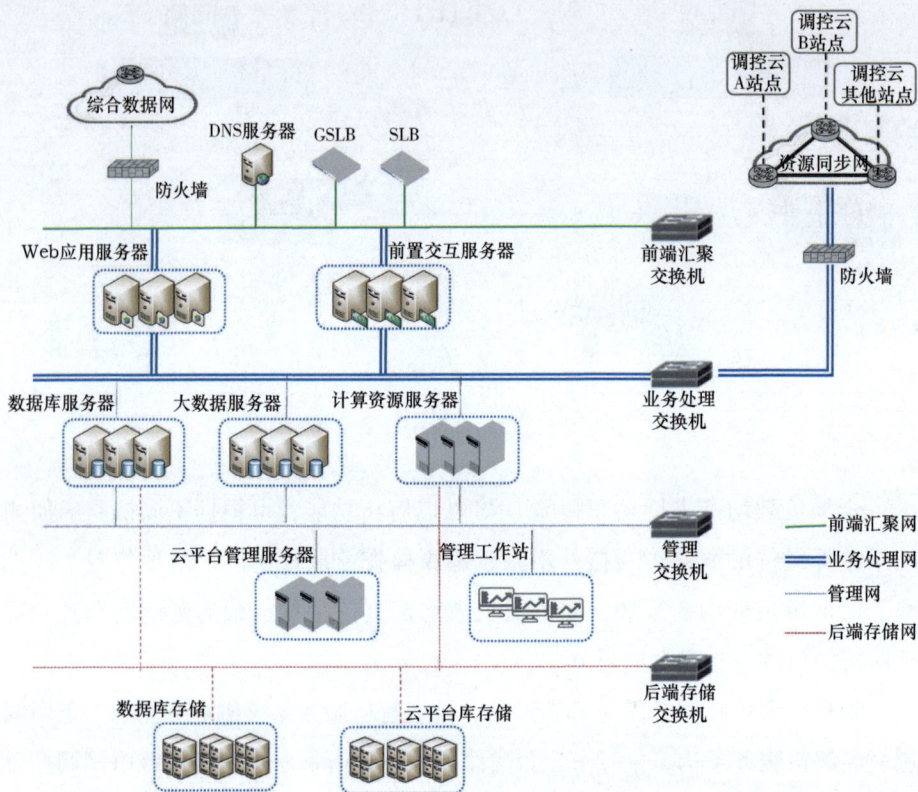

图 1-7 省级电网调控云网络架构

前端汇聚网为省级电网调控云提供数据接入和用户访问通道，对接综合数据网，满足信息安全防护规范要求，条件允许的情况下可划分独立网络虚拟专用网（virtual private network，VPN）。

业务处理网主要实现业务应用内部业务逻辑处理，以及不同业务间的数据交互处理。

管理网实现对省级电网调控云系统的统一管理和运行维护。

后端存储网为省级电网调控云后端存储域的数据存储及分析集群提供网

络传输通道，因涉及集群内及集群间大量的数据存储交换，为保证网络通道畅通，后端存储网络宜设计为万兆以太网络。

资源同步网设计为千兆专用网络，部署在管理信息大区，采用三层多协议标签交换虚拟专用网（multi-protocol label switching virtual private network，MPLS VPN）进行业务隔离，实现多业务承载，横向支撑省级电网调控云站点间的数据同步，纵向支撑主导节点和各协同节点间数据同步及服务交互，按需采用资源高速同网予以实现。

省级电网调控云网络采用双网冗余配置，利用交换机堆叠技术和操作系统网卡 Bonding 技术，在避免网络单点故障的同时，实现了网络传输的负载均衡。未来可以部署软件定义网络（software defined network，SDN）控制器，实现网络向智能化、自动化、可视化方向平滑过渡和演进，服务调控业务发展需求，满足业务的扩展性。

1.5 硬件架构

省级电网调控云硬件架构遵循可扩展性、高可用性等设计原则，采用标准硬件设备，充分依托成熟的云计算技术，通过基础设施平台整合和管理计算、存储、网络等基础设施资源，形成统一的基础设施资源池，为上层平台及应用提供高可用性的基础设施服务，实现计算、存储、网络资源按需分配和快速部署，对上层软件屏蔽硬件设备的差异，支持未来整个硬件资源平台按需扩展，并提供全面、高效的基础设施运维管理手段。省级电网调控云各站点采用对等的硬件架构，通过资源高速同步网进行横向数据同步，并通过全局负载均衡为上层业务提供服务。站点硬件架构分为外联接入区、网络核心区、主机区、存储区。省级电网调控云硬件架构如图 1-8 所示。

（1）外联接入区。部署包括云终端客户端、源数据端所需要接入的数据网和省级电网调控云站点之间资源高速同步网，通过综合数据网、调度数据网连接源数据端和云客户端，通过资源高速同步网连接国分云和其他省级电网调控云。

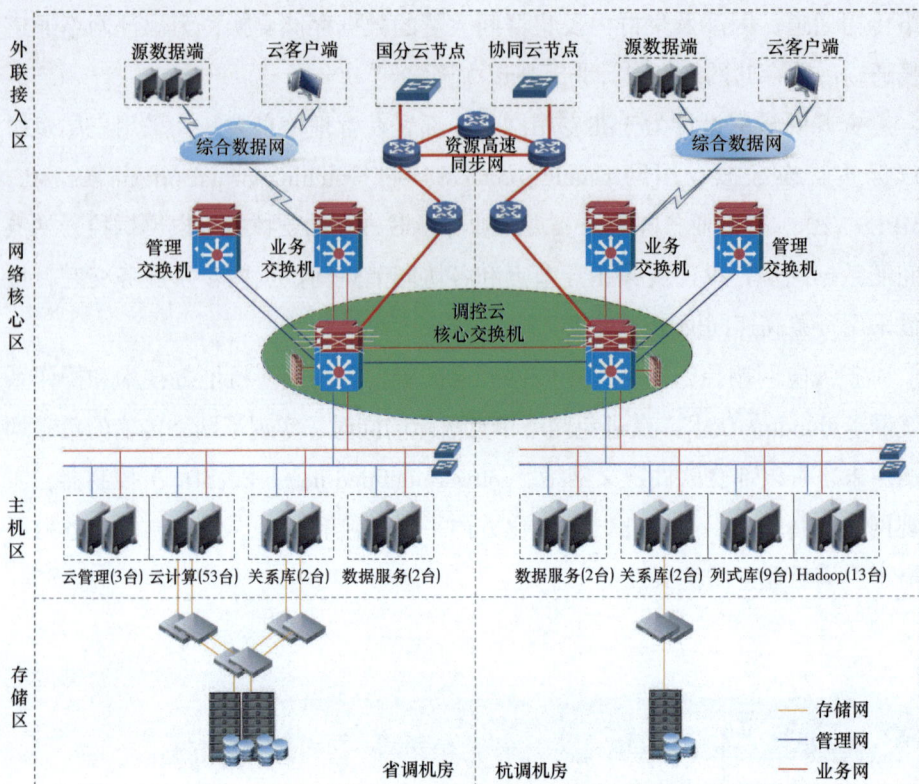

图 1-8 省级电网调控云硬件架构

（2）网络核心区。部署包括业务汇聚交换机、负载均衡及防火墙等硬件设备，通过核心交换机连接到综合数据网，为源数据端到调控云提供源数据网络传输通道，源数据端通过此传输通道向省级电网调控云提供源端数据，通过客户端接入交换机连接到综合数据网，为云客户端访问省级电网调控云应用提供访问通道，为满足电力监控系统安全防护规范要求，网络边界入口处部署硬件防火墙。

（3）主机区。部署包括容器、云平台、关系数据库、大数据等所需要主机设备，接入交换机上联接入业务汇聚交换机。计算节点服务器通过接入交换机实现连接，采用虚拟化技术实现计算资源池化和弹性伸缩，云管理服务器部署云管理平台服务端软件，实现对计算资源、存储资源及网络资源的统一管理。

（4）存储区。部署分布式存储、磁盘阵列等存储设备，计算资源池采用分布式存储模式，便于横向拓展，通过接入交换机访问分布式存储，关系数据库采用磁盘阵列存储模式，便于提高读写性能，通过光纤通道（fibre channel，FC）交换机访问磁盘阵列，后端存储层通过业务汇聚交换机连接资源高速同步网路由器，进行必要的横向及纵向数据同步。

1.6 软件架构

省级电网调控云软件架构遵循组件、架构、生态开放的原则，采用云计算典型分层设计，自下而上分为基础设施层（infrastructure as a service，IaaS）、平台服务层（platform as a service，PaaS）和软件服务层（software as a service，SaaS）3 个层级组成，如图 1-9 所示。

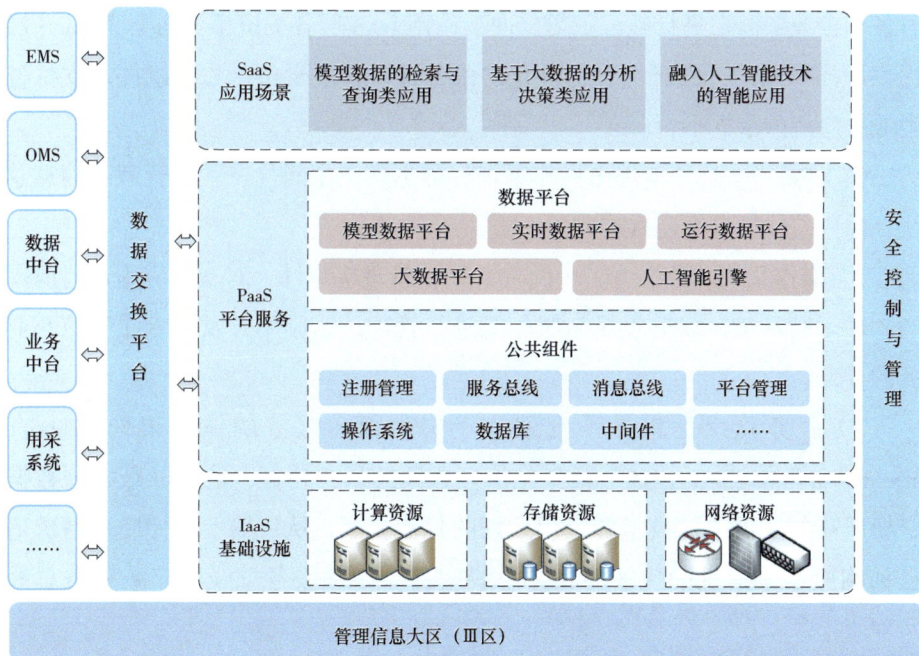

图 1-9 省级电网调控云软件架构

1.6.1 IaaS 层

省级电网调控云 IaaS 层将服务器、存储设备和网络设备等物理设施资源集群化和虚拟化，建立计算资源池、存储资源池和网络资源池，通过基于云服务的接口和工具，管理和访问基础设施资源，实现计算资源的在线迁移、存储资源的弹性扩展和网络资源的灵活调配。计算资源池主要通过对服务器集群的虚拟化提供计算资源；存储资源池包括分布式存储、集中式存储等设备，通过存储虚拟化提升资源利用率；网络资源池主要包括路由器、交换机等设备，通过网络虚拟化提升网络流量的转发和控制能力。IaaS 层监视管理以资源智能运维为核心，采用面向应用的多粒度资源监视技术，实现对基础设施运行状态的监视与管理

1.6.2 PaaS 层

省级电网调控云 PaaS 层采用标准化、服务化、开放性等云生态特征思想对各调控业务需求进行整合归类，向下调用 IaaS 层各类资源，向上为 SaaS 层提供即插可用的开发环境和标准化的服务接口，主要包括公共组件及支持各类业务应用的数据平台。

（1）PaaS 层公共组件由操作系统、数据库、中间件、平台管理、消息总线、服务总线等多个层次构成。

1）操作系统、数据库、中间件、平台管理等组件，对支撑应用运行所需的软件运行环境、相关工具与服务等进行管理，让应用开发者专注于核心业务的开发。

2）服务总线是 PaaS 平台致力于提供面向服务的体系架构（service oriented architecture，SOA）服务化治理方案的核心构件，能够屏蔽实现数据交换所需的底层通信技术和应用处理的具体方法，从传输上支持应用请求信息和响应结果信息的传输，服务总线应提供内部服务总线和广域服务总线两种。

3）消息总线支撑系统内部和广域范围内大量并发消息的传输，支持各类消息在系统内部和跨系统间按需、快速传递，并保障信息传输的顺序性、时

效性，消息总线应提供内部消息总线和广域消息总线两种。

（2）PaaS 层数据平台分为模型数据平台、实时数据平台、运行数据平台、大数据平台和人工智能引擎。

1）模型数据平台按照电网调度通用数据对象结构化设计原则，存储元数据、字典数据和电网模型，统一管理和发布省级电网调控云的元数据、字典数据，提供电网模型数据的同步、校验、订阅服务等，是其他数据平台的基础。

2）实时数据平台实现电网实时数据的采集、处理、共享和实时电网模型的管理，为调度运行在线分析等应用提供实时数据服务。

3）运行数据平台实现包括电网稳态、暂态、动态等历史运行数据和各类事件的汇集、存储和处理，为数据分析及大数据应用提供数据服务。

4）大数据平台实现海量电网数据的采集、存储、处理，为大数据分析挖掘提供可视化的分析工具，支撑海量大数据的快速读写服务。

5）人工智能引擎面向数据到模型、模型到应用场景，构建一站式 AI 算法模型训练与推理环境，提供算力管理、样本特征工程、模型训练、模型运行管理等 AI 应用开发、运行全过程支撑服务。

1.6.3　SaaS 层

省级电网调控云 SaaS 层由面向电网调控运行和管理的若干应用软件组成，具有服务化、轻量化特点，支持同一功能部署多家软件厂商的产品，为用户提供多种选择，SaaS 层应用包括基于模型数据的检索与查询类应用、基于大数据的分析决策类应用、融入人工智能技术的智能应用等。

（1）基于模型数据的检索与查询类应用。面向调控运行管理的全业务、全过程设计的模型与运行数据平台，充分利用通用数据对象结构化设计中以对象为中心的数据管理关系、从属关系、拓扑关系，建立数据对象的模型与模型、模型与数据的一键式关联服务，实现跨机构、跨专业、跨业务的信息检索与查询。检索与查询可分为基于电网模型数据的基础信息查询（包括电网各类电力、电量、故障、事件等的运行信息查询）、基于业务主题的汇总式主题查询，以及面向全数据范围进行搜索的智能检索等。通过数据多维度指标分析，构建针对业务主题的可视化方案，实现时间、空间等多模式下全景展示。

（2）基于大数据的分析决策类应用。采用电网调控云汇聚的海量数据，引入相关性分析、聚类分析、机器学习等数据挖掘算法，探索发现隐藏在电网设备、运行和管理海量信息中的深层关联性和规律性，为调度运行人员提供智能化的分析结果和辅助决策信息。如基于网格气象的新能源功率预测，基于极端天气的电网风险辨识、电网 AI 负荷预测。

（3）融入人工智能技术的智能应用。目前基于智能感知与决策的无人驾驶、基于深度学习的 Alpha Go 对弈、基于智能模式识别的语音和人脸识别等一系列人工智能技术应用在国内外取得的重大理论创新与应用突破，为解决电网调度控制领域的部分难题提供了有益的借鉴和参考。省级电网调控云多维度大规模数据存储及大数据分析技术为智能技术的应用打下了数据基础。展望调度运行控制和管理的智能化需求，下一步可在智能化辅助决策、智能化协同处置等方面实现电网调控领域人工智能应用的突破。

第 2 章

数据资产

数据资产是省级电网调控云数据标准化的重要成果，为云应用生态提供了坚强的数据基础，通过数据标准化设计，实现了 ID 编码全局唯一、通用数据对象建模、统一元数据管理等成效，为云上业务对象化、体系化建设以及广域信息共享奠定了基础。

本章阐述了调控数据对象建模方法，对省级电网调控云数据资产进行了整体介绍，旨在让读者对数据建模、管控、汇集存储、安全规范等方面有一个全面的了解。

2.1 对象建模方法

调度通用数据对象建模从省级调度业务应用实际需求出发，遵循国家电网有限公司调度控制中心（以下简称"国调"）发布的《电力调度通用数据对象结构化设计》规范，实现基于不同机构间、不同专业间业务系统的数据交互，实现电网模型数据的集中管理、分级维护、全局共享，保证业务系统间数据交互质量和效率，充分发挥各业务系统的作用。针对全网调度通用数据对象，构建统一结构化对象建模方法，维护全量数据，校验数据质量，保障调度通用信息的准确、完整、标准、统一，为电网运行决策提供有效的模型数据支撑。

2.1.1 结构化设计原则

调度通用数据对象结构化设计遵循"唯一性、通用性、扩展性、差异性、一致性"的原则，实现 ID 编码全局唯一、通用数据对象建模、统一元数据管理、关联其他业务系统、兼顾个性化需求，并可以根据业务需要实现模型的按需扩展。

（1）唯一性原则。以对象唯一 ID 编码为线索，建立数据对象间的关联关系模型，为上层应用提供标准数据基础，实现电力调度数据对象在调度系统中（纵向）和跨专业（横向）的全局共享。

（2）通用性原则。从通用性角度出发，面向电网、设备、元件、系统、控制断面、组织机构、公用对象等电力调度相关元素的通用数据对象进行建模。

（3）扩展性原则。采用元数据管理的基本方法，建立数据对象、数据对象表、数据对象表属性和数据字典。同时，基于元数据模型管理，利用元数据管理工具，在不改变程序代码的前提下，实现通用数据对象类型或属性的扩充、修改和删除。

（4）差异性原则。允许各单位拥有个性化需求，存在私有的数据表。通过将私有数据和通用对象关联，形成相关单位内部统一完整的数据组织方式。

（5）一致性原则。各类业务应用应充分利用建模工具和通用电网设备组织架构及通用属性。通过对象唯一 ID，实现专有属性和通用对象的信息一致性关联。

2.1.2 数据对象分类

省级电网调控云数据对象分类遵循国调发布的《电力调度通用数据对象结构化设计》对象化建模设计原则，按照面向电网调度全业务数据将电力一次设备、二次设备、电力设备容器，以及与电力调度紧密相关的组织机构、周边环境等内容作为对象，涵盖组织机构、电力设备容器、抽象容器、一次能源等对象。详细通用数据对象分类见表 2-1。

表 2-1　　　　　　　　　　　通用数据对象分类

对象分类	编码	标识	对象示例
组织机构	00XX	ORG	电网公司、发电公司、售电公司、电力客户、供应商、调控中心、调控中心内设部门、岗位、人员等
设备容器	01XX	CON	电网、发电厂、变电站、间隔、直流输电系统、直流极系统、断面等
发电设备	11XX	DEV	发电机、测风塔、逆变器、辐照仪等
输电设备	12XX	DEV	交流线路、交流线段、直流线路、直流线段、杆塔等
变电设备	13XX	DEV	母线、变压器、变压器绕组、电流互感器、电压互感器、断路器、隔离开关、接地开关、接地设备等
补偿设备	14XX	DEV	并联电抗器、并联电容器、静态无功补偿器、静态无功发生器、交流滤波器、串联补偿设备等
直流设备	15XX	DEV	换流阀、换流器、平波电抗器、直流电压互感器、直流电流互感器、直流断路器、直流隔离开关等
计算设备	71XX	AUT	服务器、工作站、存储设备、刀片服务器等

对象分类	编码	标识	对象示例
网络设备	72XX	AUT	路由器、交换机、工业交换机、光电转换器等
安防设备	73XX	AUT	横向隔离装置、纵向加密装置、防火墙、入侵检测设备等
基础软件	78XX	AUT	操作系统、数据库、中间件、应用软件包、应用软件、应用程序等
一次能源	90XX	COM	河流、径流式水库、抽蓄式水库等
公共环境	95XX	COM	山脉、铁路、公路等

2.1.3 对象 ID 编码

数据对象 ID 是"调度数据唯一的身份证",采用"四段式"定义方式编码规则,由数据对象"大类码""小类码""数据管理机构码"和"序列号"四部分组成,由不超过 18 位十进制数字构成,采用字符型存储,具有唯一性。断路器设备编码组成示例如图 2-1 所示。具体编码方式说明如下:

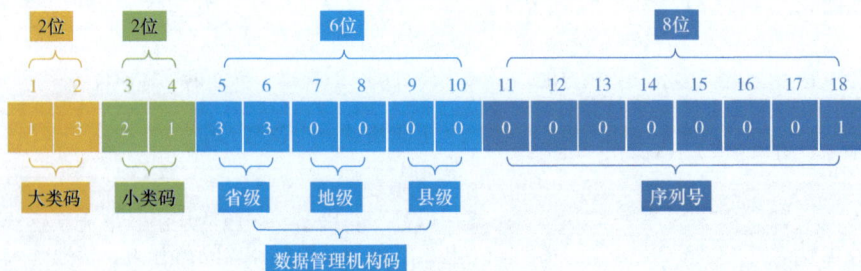

图 2-1 断路器设备编码组成示例

(1)第 1~2 位,共 2 位固定数字,是"大类码",代表数据对象大分类。

(2)第 3~4 位,共 2 位固定数字,是"小类码",代表数据对象细化小分类,"大类码"和"小类码"组成了数据对象类型码,详见数据对象管理表(SG_META_OBJECT)。

(3)第 5~10 位,共 6 位固定数字,是"数据管理机构码",代表数据管

理机构，采用《中华人民共和国行政区划代码》（GB/T 2260-2007）中的六位
行政区划代码。

（4）第 11~18 位，共 0 位、4 位、8 位不固定数字，是"序列号"，代表
该对象实例在本机构同类对象中的顺序号，具体位数长度查看数据对象管理
表（SG_META_OBJECT）的"对象序列号长度（SN_LENGTH）"。

2.1.4 数据对象关系

数据对象关系指对数据对象之间的关联关系，包括管理关系、从属关系、
拓扑关系和量测关系四类，具体说明如下：

（1）对象的管理关系包括组织机构间的上下级管理关系、调度机构与设
备间的调度管理关系、运维机构与设备间的运维管理关系、公司与设备间的
资产管理关系等，具体建模时采用外键引用的方式体现数据对象的管理关系。

（2）对象的从属关系包括电力设备容器与设备之间的从属关系、设备整
体与设备组件之间的从属关系等，具体建模时采用外键引用的方式体现数据
对象的从属关系。

（3）对象的拓扑关系指设备之间的物理电气连接关系，具体建模时采用
拓扑连接点的方式体现数据对象的拓扑关系。

（4）对象的量测关系包括量测点与设备对象的关系、统计类型与量测点
的关系，具体建模时采用的方式体现数据对象的量测关系。

2.1.5 数据对象建模

数据对象建模是描述信息资源或数据等对象的数据，实现简单高效地管
理大量的数据，实现信息资源的有效发现、查找、一体化组织和对使用资源
的有效管理。通过规范数据对象、数据对象表、数据对象表属性和字典对象
等元数据管理表结构，实现对数据对象的标准化设计和可扩展需求。元数据
管理实体关系如图 2-2 所示。

图 2-2　元数据管理实体关系

1. 元数据对象模型

为保证可读性，宜使用大小写混合表示，数据库中应全部使用大写。数据对象最大长度为 16 个字节，对象名为 16 个字节以下的一般不用缩写，超过 16 个字节的进行缩写，缩写原则是可读性优先，兼顾规范性。缩写原则具体如下：

（1）优先使用行业通用缩写，如 AC、DC、RTU、UPS 等。

（2）没有通用缩写的，缩写原则为取单词的第一个元音音节到出现第一个辅音结束。

元数据对象分类管理表命名为 SG_META_OBJECT，元数据对象分类管理表的数据库表结构如表 2-2 所示。

表 2-2　　　　　　　　　数据对象管理表的数据库表结构

序号	属性名	英文属性名	数据类型	约束条件
1	对象代码	CODE	VC（4）	PK
2	分类	CATEGORY	VC（4）	NOTNULL
3	对象名称	NAME_CHN	VC（32）	NOTNULL
4	对象英文名称	NAME_ENG	VC（16）	NOTNULL
5	对象序列号长度	SN_LENGTH	INT	NOTNULL
6	生效标志	EFFECT_FLAG	VC（2）	[Y，N]

续表

序号	属性名	英文属性名	数据类型	约束条件
7	创建人	CREATE_USER	VC（18）	NOTNULL
8	创建时间	CREATE_TIME	T	NOTNULL
9	修改人	MODIFY_USER	VC（18）	
10	修改时间	MODIFY_TIME	T	
11	说明	NOTES	VC（256）	

（1）对象代码（CODE）：数据对象的唯一标识，该表的主键，数据类型采用可变长度字符串，最大长度 4 字节，不可修改，由数据对象 ID 编码规则中的大类码和小类码拼接组成（即数据对象类型码），在数据对象表中使用。

（2）分类（CATEGORY）：不可为空，数据类型采用可变长度字符串，最大长度 4 字节，可修改，该属性是数据对象所属分类的描述，每一分类均用不超过四位的英文字母表示，如组织机构（ORG）、公共对象（COM）、电力容器（CON）、设备（DEV）、厂站二次设备（SSD）、配电自动化终端设备（DA）、自动化设备（AUT）等，数据对象表命名规则中的"B 段"即引用该属性。

（3）对象中文名称（NAME_CHN）：不可为空，数据类型采用可变长度字符串，最大长度 32 字节，可修改。

（4）对象英文名称（NAME_ENG）：不可为空，数据类型采用可变长度字符串，最大长度 16 字节，不可修改，数据对象表命名规则中的"C 段"即引用该属性。

（5）对象序列号长度（SN_LENGTH）：不可为空，数据类型采用整型，不可修改，该属性定义数据对象 ID 编码规则中"序列号"的长度，具体编码程序应用时，根据该属性确定 ID 编码序列号长度，进而确定 ID 编码总长度。

（6）生效标志（EFFECT_FLAG）：数据取值范围为 Y 和 N，即是和否，数据类型采用可变长度字符串，最大长度 2 字节，可修改，该属性用于确定某一数据对象是否生效，生效即可以使用，不对数据对象进行删除操作，对不再使用的数据对象标识为失效，失效表示该对象不再进行建模。

（7）创建人（CREATE_USER）：不可为空，数据类型采用可变长度字符串，最大长度18字节，不可修改，该属性记录数据对象的创建人，存储创建人的ID编码，默认为当前系统登录并创建数据对象的用户。

（8）创建时间（CREATE_TIME）：不可为空，数据类型采用时间，不可修改，该属性记录数据对象创建的时间，默认为创建数据对象时的系统时间。

（9）修改人（MODIFY_USER）：可为空，数据类型采用可变长度字符串，最大长度18字节，可修改，该属性记录数据对象最后一次修改人的ID编码，默认为当前系统登录并修改数据对象的用户。

（10）修改时间（MODIFY_TIME）：可为空，数据类型采用时间，可修改，该属性记录数据对象最后一次修改的时间，默认为修改数据对象时的系统时间。

（11）说明（NOTES）：可为空，数据类型采用可变长度字符串，最大长度256字节，可修改，该属性记录某一数据对象的描述性信息。

2. 元数据表模型

元数据对象表名应采用多段式表示法（A段_B段_C段_D段_E段），各段之间通过下划线（"_"）进行分割，表名最大长度48字节，各分段含义如下。

（1）A段：表示"数据对象应用范围"，其中对于公有对象，规范为"SG"标识；私有数据对象则采用"ZJ"标识。

（2）B段：表示"对象分类"，如组织机构对象（ORG）、电力容器对象（CON）、设备对象（DEV）等。

（3）C段：表示"对象名称"，如Plant、ACLine、Breaker等。

（4）D段：表示"对象属性集分类"，如基本信息（B），参数信息（P）等，数据对象属性集分类标识见表2-3。

（5）E段：表示"对象的其他未尽信息"，如年份（YYYY）等，该字段可以为空，也可以进一步分段，每段间同样采用"_"分隔。

数据对象表管理表命名为SG_META_TABLE，数据对象表管理表的数据库表结构见表2-4。

表 2-3 数据对象属性集分类标识

序号	名称	标识	说明
1	基本信息	B	为数据对象的基本信息和管理属性，如名称、电压等级、调度关系、资产属性、运维属性以及投退运日期等。基本信息表存储数据的唯一标识，其他表的数据 ID 引用基本信息表 ID
2	参数信息	P	为设备运行参数，如线路的电阻、电抗等
3	动态模型	M	为计算模型参数，面向 BPA、PSASP 等专业计算分析工具和在线稳定预警应用需要，提供发电机、励磁器、调速器等的暂态、动态参数
4	统计信息	S	为统计类数据，通常面向容器类对象，如发电厂的总装机容量，变电站的总变电容量等统计信息
5	历史数据	H	为历史运行数据，包括定期采集的数据值（如每分钟历史数据）和极值数据
6	关联关系	R	为关联关系，描述数据对象的与外部关联关系的相关数据
7	对照关系	C	为对照关系，记录调控云数据与其他系统数据的对照关系，存储数据 ID 与数据来源等信息

表 2-4 数据对象表管理表的数据库表结构

序号	属性名	英文属性名	数据类型	约束条件	备注
1	对象代码	OBJECT_CODE	VC（4）	FK	引用 SG_META_OBJECT.CODE
2	表名	TABLE_NAME_CHN	VC（64）	NOTNULL	
3	英文表名	TABLE_NAME_ENG	VC（48）	PK	
4	生效标志	EFFECT_FLAG	VC（2）	[Y, N]	
5	创建人	CREATE_USER	VC（18）	NOTNULL	
6	创建时间	CREATE_TIME	T	NOTNULL	
7	修改人	MODIFY_USER	VC（18）		
8	修改时间	MODIFY_TIME	T		
9	说明	NOTES	VC（256）		

（1）对象代码（OBJECT_CODE）：外键引用元数据对象的"对象代码（CODE）"属性，数据类型采用可变长度字符串，最大长度4字节，不可修改，通过该属性建立"数据对象"和"数据对象表"之间的一对多关系，即某一数据对象可由一个或多个具体的数据对象表构成。

（2）中文表名（TABLE_NAME_CHN）：不可为空，数据类型采用可变长度字符串，最大长度64字节，可修改，该属性是数据对象表的中文名称。

（3）英文表名（TABLE_NAME_ENG）：该表的主键，数据对象表的唯一标识，数据类型采用可变长度字符串，最大长度48字节，不可修改。

（4）生效标志（EFFECT_FLAG）：数据取值范围Y和N，即是和否，数据类型采用可变长度字符串，最大长度2字节，可修改，该属性用于确定某一数据对象是否生效，生效即可以使用，不对数据对象表进行删除操作，对不再使用的数据对象表标识为失效，失效表示该表不再使用。

（5）创建人（CREATE_USER）：不可为空，数据类型采用可变长度字符串，最大长度18字节，不可修改，该属性记录数据对象表的创建人，存储创建人的ID编码，默认为当前系统登录并创建数据对象表的用户。

（6）创建时间（CREATE_TIME）：不可为空，数据类型采用时间，不可修改，该属性记录数据对象表创建的时间，默认为创建数据对象表时的系统时间。

（7）修改人（MODIFY_USER）：可为空，数据类型采用可变长度字符串，最大长度18字节，可修改，该属性记录数据对象表最后一次修改人的ID编码，默认为当前系统登录并修改数据对象表的用户。

（8）修改时间（MODIFY_TIME）：可为空，数据类型采用时间，可修改，该属性记录数据对象表最后一次修改的时间，默认为修改数据对象表时的系统时间。

（9）说明（NOTES）：可为空，数据类型采用可变长度字符串，最大长度256字节，可修改，该属性记录某一数据对象表的描述性信息。

3. 元数据对象表属性

元数据对象表属性即数据库表的列名，采用英文单词命名的方法，多个单词间以下划线（"_"）分隔，最大长度30字节。

元数据对象表属性管理表命名为 SG_META_PROPERTY，元数据对象表属性管理表的数据库表结构见表 2-5。

表 2-5　　　　　　　数据对象表属性管理表的数据库表结构

序号	属性名	英文属性名	数据类型	约束条件
1	英文表名	TABLE_NAME_ENG	VC（48）	PK1
2	属性名	PROPERTY_NAME_CHN	VC（64）	NOTNULL
3	英文属性名	PROPERTY_NAME_ENG	VC（30）	PK2
4	数据类型	DATA_TYPE	VC（16）	NOTNULL
5	约束条件	CONSTRAINT	VC（64）	
6	产生形式	MAINTENANCE_MODE	VC（2）	[R, M, S, C, D]
7	生效标志	EFFECT_FLAG	VC（2）	[Y, N]
8	创建人	CREATE_USER	VC（18）	NOTNULL
9	创建时间	CREATE_TIME	T	NOTNULL
10	修改人	MODIFY_USER	VC（18）	
11	修改时间	MODIFY_TIME	T	
12	说明	NOTES	VC（256）	

（1）英文表名（TABLE_NAME_ENG）：该表的联合主键之一，外键引用袁术表的"英文表名（TABLE_NAME_ENG）"属性，数据类型采用可变长度字符串，最大长度 48 字节，不可修改，该属性与英文属性名（PROPERTY_NAME_ENG）共同构成某一属性的唯一标识，通过该属性建立"数据对象表"和"数据对象表属性"之间的一对多关系，即某一数据对象表可由一个或多个具体的属性（即数据库列）构成。

（2）中文属性名（PROPERTY_NAME_CHN）：不可为空，数据类型采用可变长度字符串，最大长度 64 字节，可修改，该属性是数据对象表属性的中文名称。

（3）英文属性名（PROPERTY_NAME_ENG）：该表的联合主键之一，数据类型采用可变长度字符串，最大长度 30 字节，不可修改，该属性是数据库中某一张表的列名。

（4）数据类型（DATA_TYPE）：不可为空，数据类型采用可变长度字符串，最大长度 16 字节，可修改，该属性记录数据对象表属性（即某一列）在数据库中采用的存储类型，如 VARCHAR（n）、INT、DATE、TIMESTAMP 等，由于各类关系型数据库中的数据类型不尽相同，为满足建模的通用性，本文件特定标准对数据类型进行通用定义，即可变长度字符串采用 VC（n），整型采用 INT，浮点型采用 N（p，s），日期采用 D，时间采用 T 等进行规范描述，与部分常用数据库数据类型的对照表见表 2-6。

表 2-6　　　　　　　　　　部分常用数据库数据类型的对照表

数据类型	本文	ORACLE	达梦	金仓	南大
可变长度字符串	VC（n）	VARCHAR2（n）	VARCHAR（n）	VARCHAR（n）	LVARCHAR（n）
整数	INT	INTEGER	INT	INT	INT
小数	N（p，s）	NUMBER（p，s）	NUMERIC（p，s）	NUMERIC（p，s）	DECIMAL
日期	D	DATE	DATE	DATE	DATE
时间	T	TIMESTAMP	TIMESTAMP	TIMESTAMP	DATEYEARTOSECOND

（5）约束条件（CONSTRAINT）：可为空，数据类型采用可变长度字符串，最大长度 64 字节，可修改，该属性是对数据对象表属性的约束，即数据库中某一列的值的约束，主要包括主键（PK）、唯一（UNIQUE）、非空（NOTNULL）以及取值范围约束（CHECK），取值范围可穷举且稳定不变的采用如 "[Y, N]" "[男, 女]" 等方式，或者如大于 0、小于 999999 等方式。

（6）产生形式（MAINTENANCE_MODE）：取值范围为 "R、M、S、C、D"，数据类型采用可变长度字符串，最大长度 2 字节，可修改，该属性用于描述数据对象表属性（即某一列）的产生形式，具体含义如下：①R 代表根据规则自动生成；②M 代表手动录入；③S 代表手动选择；④C 代表程序自动计算；⑤代表参数表复制。

（7）创建人（CREATE_USER）：不可为空，数据类型采用可变长度字符串，最大长度 18 字节，不可修改，该属性记录数据对象表属性的创建人，存储创建人的 ID 编码，默认为当前系统登录并创建数据对象表属性的用户。

（8）创建时间（CREATE_TIME）：不可为空，数据类型采用时间，不可修改，该属性记录数据对象表属性创建的时间，默认为创建数据对象表属性时的系统时间。

（9）修改人（MODIFY_USER）：可为空，数据类型采用可变长度字符串，最大长度 18 字节，可修改，该属性记录数据对象表属性最后一次修改人的 ID 编码，默认为当前系统登录并修改数据对象表属性的用户。

（10）修改时间（MODIFY_TIME）：可为空，数据类型采用时间，可修改，该属性记录数据对象表属性最后一次修改的时间，默认为修改数据对象表属性时的系统时间。

（11）说明（NOTES）：可为空，数据类型采用可变长度字符串，最大长度 256 字节，可修改，该属性记录数据对象表属性的描述性信息。

对数据对象表属性的设计应综合考虑各种应用场景，避免过多冗余的属性设计，应尽量使用外键引用，同时外键引用应避免过多冗余的外键属性设计。

2.1.6 数据字典建模

数据字典是对数据对象属性中可规范输入内容的定义，字典管理实现属性字段中输入数据值的标准化，对可供选择的数据项进行了归纳、枚举和编码，通过规范管理字典结构，满足对电力调度通用数据对象的标准化和可扩展需求，确保数据内容的规范和统一。

2.1.6.1 字典对象

字典对象分类管理表命名为 SG_META_DICOBJ，字典对象分类管理表的数据库表结构见表 2-7。

表 2-7 字典对象分类管理表的数据库表结构

序号	属性名	英文属性名	数据类型	约束条件
1	表名	TABLE_NAME_CHN	VC（64）	NOTNULL
2	英文表名	TABLE_NAME_ENG	VC（48）	PK
3	分类	CATEGORY	VC（32）	[通用，容器类，发电设备类，输变电设备类，量测类，事件类]
4	生效标志	EFFECT_FLAG	VC（2）	[Y，N]
5	创建人	CREATE_USER	VC（18）	NOTNULL
6	创建日期	CREATE_TIME	T	NOTNULL
7	修改人	MODIFY_USER	VC（18）	
8	修改时间	MODIFY_TIME	T	
9	说明	NOTES	VC（256）	

（1）中文表名（TABLE_NAME_CHN）：不可为空，数据类型采用可变长度字符串，最大长度 64 字节，可修改，该属性是字典对象的中文名称。

（2）英文表名（TABLE_NAME_ENG）：该表的主键，数据类型采用可变长度字符串，最大长度 48 字节，不可修改，该属性是数据字典表的唯一标识。

（3）分类（CATEGORY）：取值范围为"通用、容器类、发电设备类、输变电设备类、量测类、事件类"等，数据类型采用可变长度字符串，最大长度 32 字节，可修改，该属性是对数据字典表所属分类的描述。

（4）生效标志（EFFECT_FLAG）：数据值范围 Y 和 N，即是和否，数据类型采用可变长度字符串，最大长度 2 字节，可修改，该属性用于确定某一数据字典表是否生效，生效即可以使用，不对数据字典表进行删除操作，对不再使用的数据字典表标识为失效，失效表示该数据字典表不再使用。

（5）创建人（CREATE_USER）：不可为空，数据类型采用可变长度字符串，最大长度 18 字节，不可修改，该属性记录数据字典表的创建人，存储创建人的 ID 编码，默认为当前系统登录并创建字典对象的用户。

（6）创建时间（CREATE_DATE）：不可为空，数据类型采用日期，不可修改，该属性记录数据字典表创建的时间，默认为创建字典对象时的系统时间。

（7）修改人（MODIFY_USER）：可为空，数据类型采用可变长度字符串，最大长度 18 字节，可修改，该属性记录数据字典表最后一次修改人的 ID 编码，默认为当前系统登录并修改字典对象的用户。

（8）修改时间（MODIFY_DATE）：可为空，数据类型采用日期，可修改，该属性记录数据字典表最后一次修改的时间，默认为修改字典对象时的系统时间。

（9）说明（NOTES）：可为空，数据类型采用可变长度字符串，最大长度 256 字节，可修改，该属性记录数据字典表的描述性信息。

2.1.6.2 数据字典

数据字典表按三段式命名，公有数据字典命名规范为 SG_DIC_ 数据字典英文名，原则上仅允许扩展私有数据字典，不允许在公有数据字典表中扩充私有字典数据。数据字典表的数据库表结构见表 2-8。

表 2-8　　　　　　　　　　　数据字典表的数据库表结构

序号	属性名	英文属性名	数据类型	约束条件
1	编码	CODE	VC（4）	PK
2	名称	NAME	VC（32）	NOTNULL
3	生效标志	EFFECT_FLAG	VC（2）	[Y, N]
4	创建日期	CREATE_TIME	T	NOTNULL
5	说明	NOTES	VC（256）	

（1）编码（CODE）：该表的主键，数据类型采用整型，该属性是数据字典值的唯一标识，其他表引用该字段，字典编码宜采用四位数字，一般从 1000 开始，其第一个数字（即千位）区分字典值的大类，如厂站类型字典表中，编码在 1000~1999 的字典值代表发电厂类型，编码在 2000~2999 的字典值代表交流变电站类型，编码在 3000~3999 的字典值代表直流变电站（换流

站）类型等。

（2）名称（NAME）：不可为空且唯一，数据类型采用可变长度字符串，最大长度 32 字节，该属性是数据字典的值。

（3）生效标志（EFFECT_FLAG）：数据值范围 Y 和 N，即是和否，数据类型采用可变长度字符串，最大长度 2 字节，可修改，该属性用于确定某一数据字典值是否生效，生效即可以使用，失效表示该字典值不再使用。

（4）创建时间（CREATE_TIME）：不可为空，数据类型采用时间，该属性记录字典值创建的时间，默认为创建数据字典时的系统时间。

（5）说明（NOTES）：可为空，数据类型采用可变长度字符串，最大长度 256 字节，可修改，该属性记录字典值的描述性信息。

2.1.7 私有模型扩展

当调控云现有数据无法满足应用建设需求时，可以进行数据模型扩展。私有模型由省级电网调控云管理、发布，用于支撑省地特色化业务应用建设需求。私有模型应遵循调控云结构化设计原则，通过将公有对象和私有对象整合，形成统一完整的对象模型。在数据模型完善基础上，实现模型数据维护同步及运行数据汇集，支撑应用建设。

1. 私有模型变更及职责

私有模型由各协同节点（省地云）按照"最小化"原则进行管理，管理流程如图 2-3 所示。

（1）如需变更或新增私有表，需先向调控云管理专责报备，在国分云公有模型中确认相关公有模型及表结构是否满足业务需求。

（2）如新增大类码，提交国调申请大类码，确认该模型对象大类是否由主导节点进行建模，并订阅数据。

（3）自动化调控云专责与专业处室专责以及相关厂商对接私有表模型设计方案，方案编制完成后由自动化专责与专业处室专责审核，并提交对应专业处室领导审核。

（4）专业处室领导审核并填写审核意见。

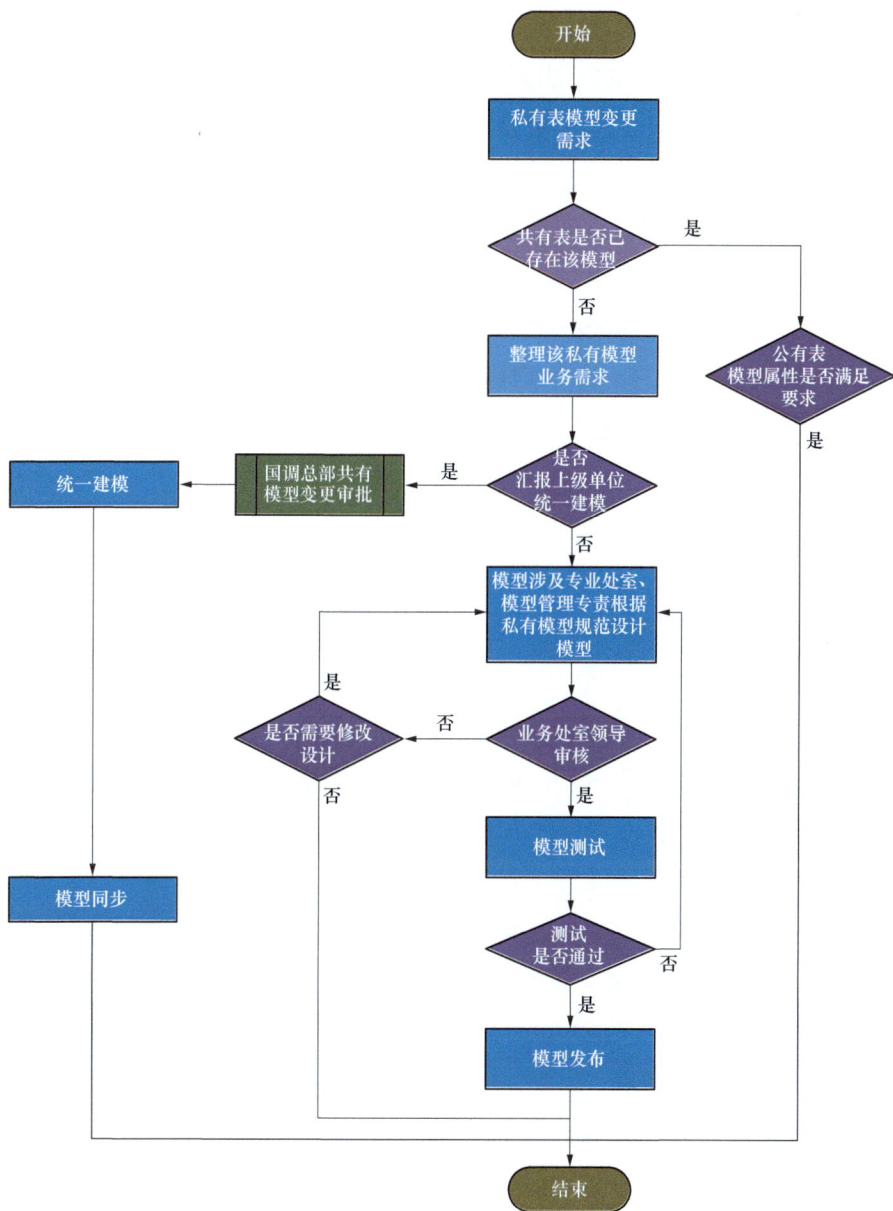

图 2-3 私有模型管理流程

（5）在私有数据库进行数据建模并进行模型测试，如需变更，收集业务需求后发起专业处室与自动化调控云专责审核。

（6）审核通过后，私有模型发布。

2. 私有表扩展

应遵循标准化设计的规则和建模方法,并将私有数据和通用对象关联,形成相关单位内部统一完整的数据组织方式,对于私有数据对象建模应遵循设计规则如下:

(1)首先数据对象扩展首先确定对象大类,如当前大类中无法找到分类,则增加一个大类(大类码由主导节点统一管理和下发),即确定大类码。确定大类后,在确保与已有对象不重复的前提下,增加小类码。

(2)在确保与已有对象类型码不重复的前提下,增加小类码,可约定00~79 为公共小类码,由主导节点统一管理和下发,80~99 为私有小类码,由各协同节点自行分配。

(3)数据对象由数据对象表构成,创建数据对象完成后,需根据规则创建数据对象表,私有对象表名也需要采用多段式表示法(A 段 _B 段 _C 段 _D 段 _E 段),A 段表示"数据对象应用范围",私有数据对象采用"PR"标识,其中某一数据对象的基本信息表是该对象必备数据表。数据对象表创建后,需定义表中的属性,即数据库列,并对属性中可以规范的值定义数据字典。私有对象表属性以 PR 开头,并参照公共数据对象表属性名命名方式,采用英文单词命名的方法,多个单词间以下划线("_")分隔,最大长度 30 字节。

3. 私有表属性扩展

数据对象表创建完成后,应定义数据对象表属性,即数据库的列,并对属性中可以规范化的值定义数据字典。私有数据对象值的维护由定义私有数据对象的单位自行维护及应用,不需要在省级电网调控云之间进行共享。

4. 私有数据字典扩展

私有数据字典表按三段式命名,私有数据字典命名规范以 PR_DIC_ 数据字典英文名方式命名,原则上仅允许扩展私有数据字典,不允许在公有数据字典表中扩充私有字典数据,私有数据字典结构包括以下内容。

(1)编码(CODE):该表的主键,数据类型采用整型,该属性是数据字典值的唯一标识,其他表引用该字段,字典编码宜采用四位数字。

(2)名称(NAME):不可为空且唯一,数据类型采用可变长度字符串,最大长度 32 字节,该属性是数据字典的值。

（3）创建时间（CREATE_TIME）：不可为空，数据类型采用时间，该属性记录字典值创建的时间，默认为创建数据字典时的系统时间。

（4）生效标志（EFFECT_FLAG）：数据值范围 Y 和 N，即是和否。

（5）说明（NOTES）：可为空，该属性记录字典值的描述性信息。

2.1.8 数据结构同步

1. 公有模型发布

数据结构总体遵循"源端维护、全局共享"原则，国分云主导节点统一维护的元数据和字典信息通过消息总线下发给省级电网调控云节点，并采用"先验证、后更新"的方式进行更新。当主导节点发布最新的元数据后，省级电网调控云节点自动验证是否可以执行，并将验证结果反馈给国分云主导节点。如果全部验证通过，省级电网调控云节点自动更新，保证一致性；如果有任意一个验证不通过，需要人工解决并验证通过后，再进行省级调控云库节点更新。以省级电网调控云为例，接收国分主导节点最新元数据和字典信息，在省调层更新维护，并向源数据端下发，如图 2-4 所示。

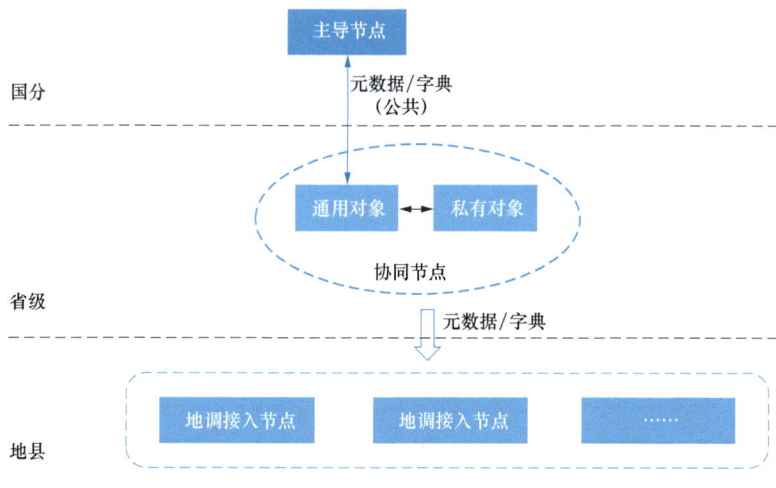

图 2-4　元数据和字典数据流向

2. 私有模型发布

私有模型发布与公有模型发布一致，主要包括私有元数据发布和私有数据字典发布。

（1）私有元数据发布。通过省地云元数据管理实现元数据维护、发布、校验、版本管理及更新，元数据采用"先验证、后更新"的方式进行更新，省地云元数据发布实现将维护好的元数据在本地调控云完成私有模型变更。

当发布最新的元数据后，根据发布内容对表结构进行变更，保证数据库中表结构、字段约束、外键引用关系等内容与元数据发布内容一致。如果某私有模型在国分云主导节点更新发布后，以主导节点发布的元数据模型为准。

（2）私有数据字典发布。私有字典数据在发布过程中也需要采用"先验证、后更新"的方式进行发布，主要通过私有字典管理实现字典维护、发布、查询功能。基于私有表结构化设计，维护的私有字典对象与私有数据字典数据作为私有字典发布模块的输入，生成待发布信息，通过勾选待发布内容进行字典的发布操作。也支持在源数据端进行手动更新。私有字典发布之后，版本管理模块作为接入客户端的监视界面，提供各客户端的更新版本查询，进行全网字典最新发布内容的更新状态和历史版本更新信息查询。如果某私有表中字典在国分云主导节点中有更新、发布，以主导节点发布的字典数据为准。

2.2　数据资产管控

2.2.1　电网一次模型维护

省级电网调控云一次模型维护根据省调制定相关的图模维护规范开展，依托基建工程新设备启动流程，贯穿省地县三级调度，覆盖规划、建设、运行环节，横跨安全Ⅰ、Ⅲ区的模型维护体系，打通与设备资产精益化管理系统（production management system，PMS）间的设备参数共享共建，并辅以考核评价体系，确保省级电网调控云图模数据质量，实现了主网10kV及以上一次设备模型全覆盖，如图2-5所示。

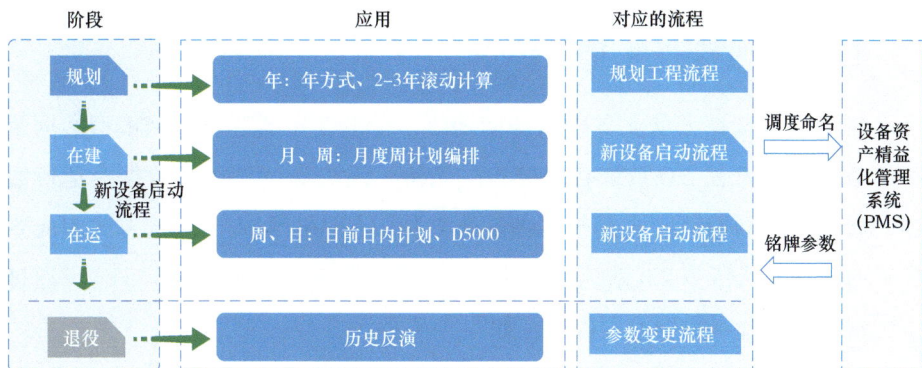

图 2-5 电网一次模型维护体系

2.2.2 电网二次模型维护

省级电网调控云二次设备模型采用源端维护、数据共享的维护机制，通过统一设备维护套件，实现了通信模型数据、保护设备、自动化设备等信息在西安统一维护和数据共享，同时结合业务需要实现一二次模型关联、设备参数变更管控，通过关联设备采集数据、运行告警信息，确保模数一致性管理，如图 2-6 所示。

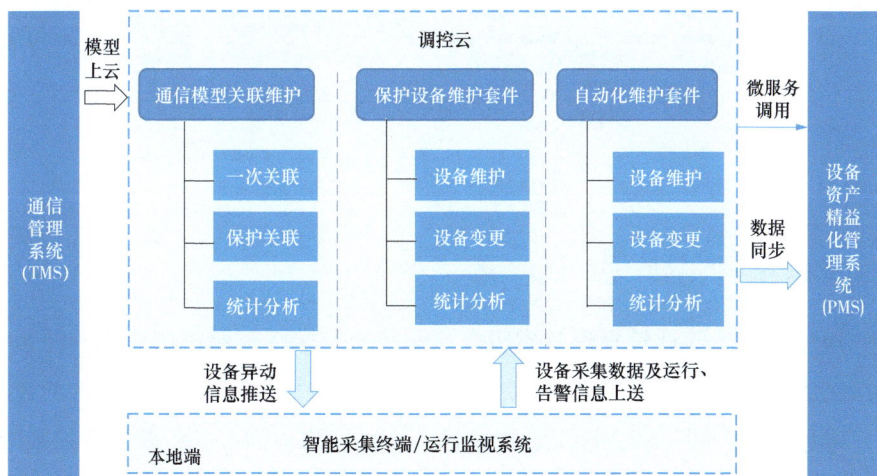

图 2-6 电网二次模型维护体系

2.2.3 主配营贯通及治理

省级电网调控云从业务中台获取馈线、配电变压器等配电网模型数据及运行数据，从营销 2.0 系统获取分布式光伏、用户等营销模型数据及运行数据，通过配电网馈线与主网馈线断路器名称模糊匹配和人工确认方式完成主配贯通，补充从营销 2.0 系统提供的变台关系，形成完整的主配营贯通，通过主配营一张图查看数据治理效果，如图 2-7 所示。

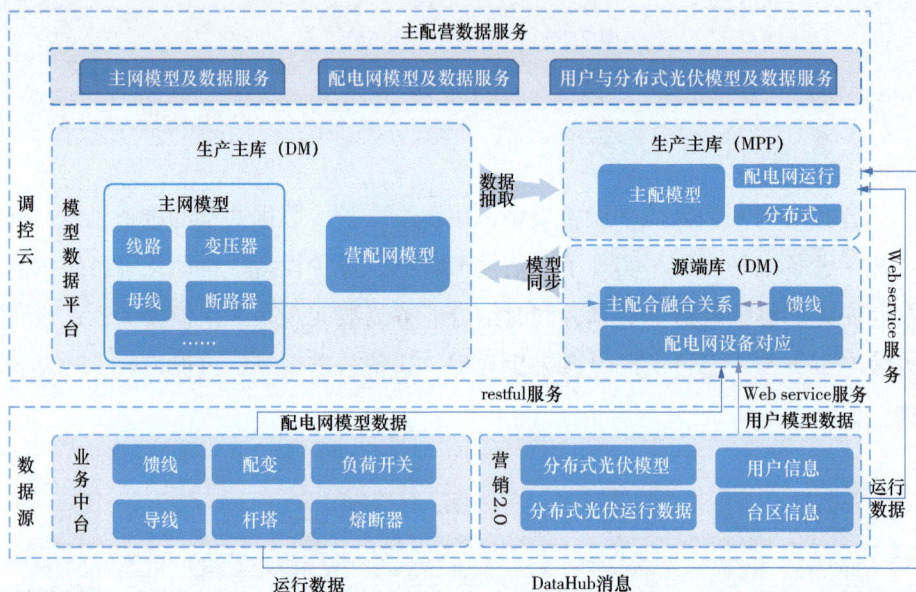

图 2-7　主配营贯通治理体系

2.2.4 模型数据校核评价

模型数据校核评价管理从省级电网调控云云端将校验规则同步到源数据端，完成源数据端的数据合规性、冗余性、规范性、合理性、完整性的校验后，将数据上送到云端，确保数据质量，为各应用查询、分析奠定数据基础，如图 2-8 所示。

（1）合规性校验。以 ID 合规性为例，检查 ID 编码中的对象编码、拥有者编码、自增序列是否符合元数据规定。

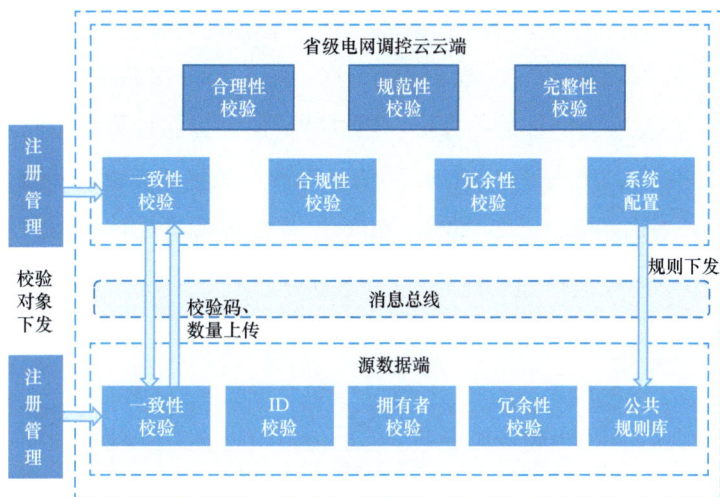

图 2-8 模型数据校核评价

（2）冗余性校验。根据对象设置分组条件后对名称相同或相似的数据进行校验，并展示其 ID 等信息，方便后续数据治理。

（3）规范性校验。检查某些特定的属性数据是否符合相应的正则表达式，例如手机号码、邮箱地址、身份证号码等有特定的正则表达式。

（4）合理性校验。主要检查参数必填项、参数取值范围、参数之间的合理性等校验规则，如运行状态为在运时，退运日期应该为空，运行状态为退运时，退运日期应比投运日期晚等。

（5）完整性校验。统计各对象的所有属性及数据填写的完整率，便于改进结构化设计。

2.3 数据汇集存储

2.3.1 数据存储规划

省级电网调控云数据存储按照数据加工处置的不同层级分为同步层、统一层、分析层，同步层采用 Kafka 消息、数据抽取工具（extraction transformation loading，ETL）、源端维护工具等技术手段汇集全网模型数据、运行数据、外部环境数据、非结构化数据；统一层采用 Spark 技术将汇集数据清洗加工，转换为明细的熟数据，通过特征值和标签计算，形成派生数据；分析层通过聚类、预测等分析挖掘算法，将需要展示的数据同步至分布式关系库（massively parallel processing，MPP），通过复杂指标计算将数据存储于MPP，提供应用进行数据展示，如图 2-9 所示。

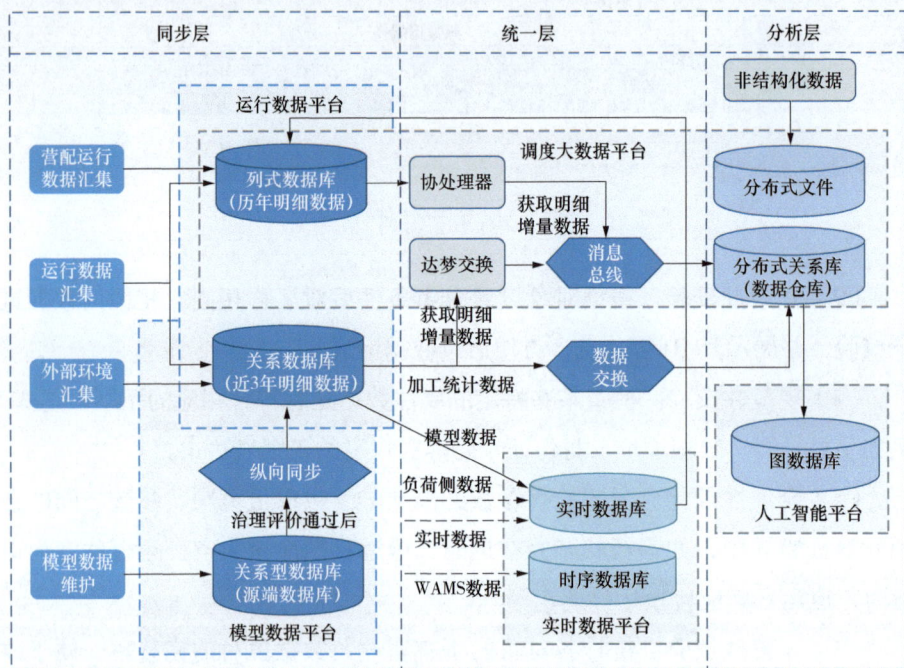

图 2-9　数据存储体系

　　按照不同数据存储需求，数据存储提供关系数据库、分布式关系库等结构化数据存储；时序数据库、缓存数据库等实时内存库；文档资料库、图数据库、列式数据库、分布式文件系统等非结构化数据存储。

　　（1）关系数据库。用于支撑各种应用服务的应用数据存储和通用模型数据、运行数据的存储，提供具备事务性和便捷灵活操作的数据库系统。

　　（2）分布式关系库。作为调控大数据平台汇集海量模型、运行和外部数据的数据存储和在线分析的介质，并支持数据集市、历史状态估计等应用在线分析使用，提供海量数据快速查询分析的能力。

（3）时序数据库。用于支撑实时数据平台进行运行数据的存储和计算时序数据是基于时间的一系列的数据。提供时序数据的快速写入、持久化、多纬度的聚合查询等功能。

（4）缓存数据库。用于存储各种应用服务的热点或高频数据。提供持久化，高可用，多种数据存储格式高速存储功能。

（5）文档资料库。用来支持各种应用服务的日志存储，查询功能比较强大，具备极高的读写性能，能存储海量数据，支持二级索引。

（6）图数据库。用于存储数据标签等关系数据，为决策类算法提供上下文支持、提高 AI 算法的效率和准确性的数据库。

（7）列式数据库。用于存储海量量测数据和配电网数据的数据库，提供高可靠性、高性能、列存储、可伸缩、实时读写 NoSQL 的数据库系统。

（8）分布式文件系统。作为调控大数据平台算法模型及非结构化数据的存储介质，提供高容错、高性能的数据文件存取系统。

2.3.2　运行数据汇集

运行数据主要包括量测、告警、故障与运行事件、电量、计划预测及外部环境七类数据，源数据存储在源业务系统中，需要将不同类型的数据整合并同步至调控云，如图 2-10 所示。

源数据端从能量管理系统（energy management system，EMS）、电能量计量系统（tele meter reading system，TMR）等系统中采集量测、告警、故障与运行事件、电量等运行数据，并进行格式转换后，经消息总线上传至调控云端；调度生产管理系统（operation management system，OMS）将电量、告警、故障与运行事件等运行数据，按照调控云标准数据格式，上传给调控云端，营配数据通过数据中台汇聚到调控云，特征值数据通过数据整合工具定时对调控云中的量测数据、计划预测类数据进行计算。

为提升运行数据接入效率，达到准实时同步效果，数据接入采用消息报文的方式进行数据汇集。运行数据接入遵循标准化、开放性的原则，规范源数据端和调控云服务端之间的消息报文格式，通过支持跨平台的序列化方式和跨平台的消息服务，实现异构系统之间的数据交互。

源数据端完成数据的筛选、转换等数据处理后，将运行数据通过消息总线上送至调控云服务端，调控云运行数据接入服务订阅相关主题消息，接收数据并进行数据有效性验证后存储至运行数据平台，当出现运行数据缺失，调控云服务端发送数据补召指令，源数据端接收到补召指令后发送补召数据，调控云服务端接收补招数据完成数据补召，调控云服务端通过数据同步工具按需与全业务中心进行数据交互。

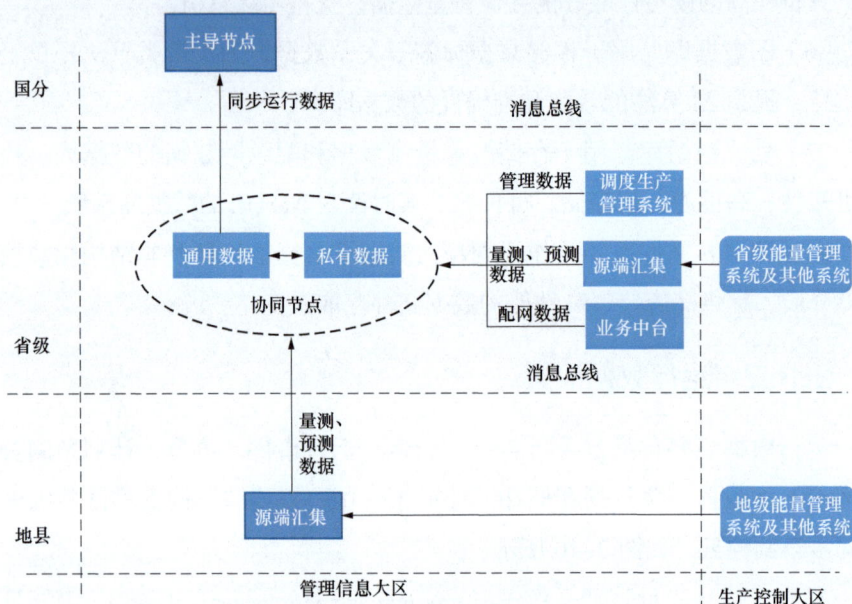

图 2-10　运行数据汇集

2.3.3　实时数据汇集

实时数据主要包括量测实时数据、人工操作数据等，实时数据汇集流程如图 2-11 所示。

各地区将从能量管理系统及其他系统采集的数据处理完成后，通过正向隔离装置将处理后的生产控制大区数据以传统消息同步方式发送至管理信息大区源数据端，源数据端将接收的传统消息转换为 Kafka 消息并转发至消息总线集群中，实现调控实时数据在管理信息大区数据消息汇集；实时数据云平台侧部署消息总线客户代理机，负责从消息总线集群接收消息，并转换为能量管理系统所需的消息，并发送至相应的能量管理系统服务器，完成各地区实时数据汇集。

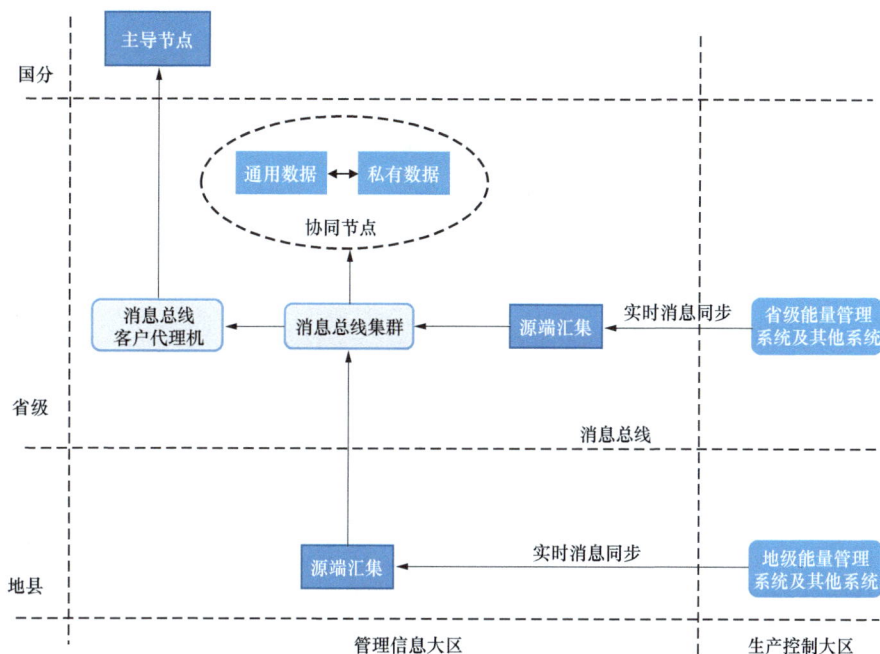

图 2-11　实时数据汇集

2.3.4　外部数据汇集

　　外部数据一般指来自于电网资源业务中台、用电信息采集系统、省气象服务中心等系统数据，主要包括：配电网图模数据、配电网运行数据、负荷台账、负荷模型、负荷聚合数据、有序用电信息、负荷精控信息、城市气象数据、新能源气象数据、灾害信息等，拓展信息感知范围，实现主配电网、电源、负荷、一次能源、地理气象等全电压等级、全生产过程数字化，服务于电网安全运行、电力平衡、清洁能源消纳和源网荷储互动等应用场景，保障电网安全稳定运行和电力可靠供应。外部数据汇聚如图2-12 所示。

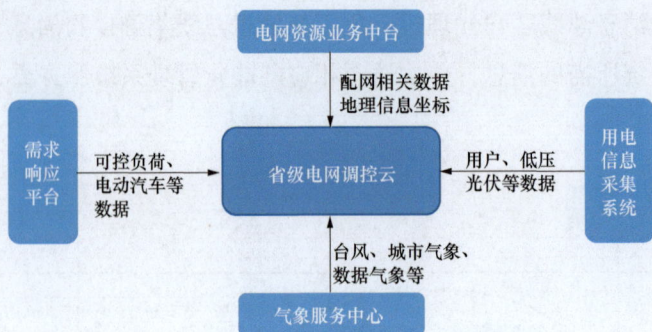

图 2-12　外部数据汇聚

2.4　数据资产目录

省级电网调控云数据结构以一次设备（主网发输变、配电网）、二次设备（保护、自动化、通信）、公共模型（组织机构、外部环境）等作为对象。一次设备、二次设备按照设备所属电网、行政区划、调度管辖与电网和组织机构建立从属挂接关系，如图 2-13 所示。直流变电设备、交流变电设备、直流

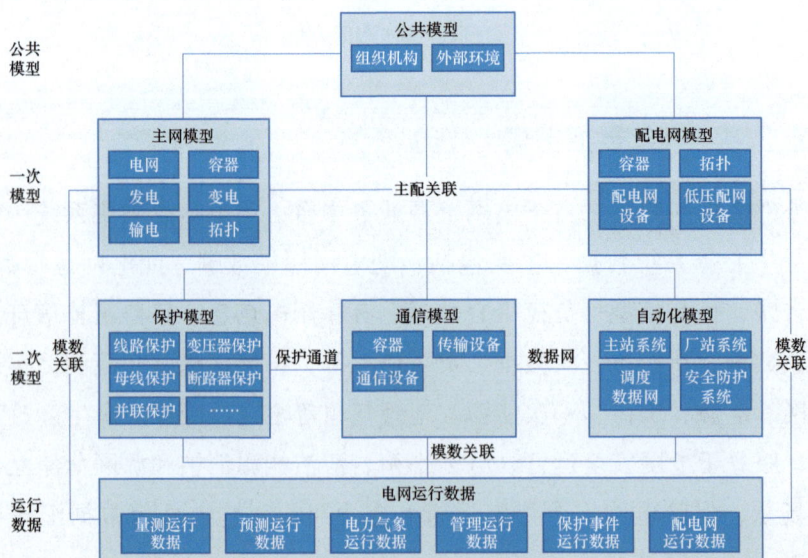

图 2-13　总体数据情况

线路、交流线路等厂站设备和保护设备挂接到厂站下，保护设备和通信设备通过业务通道接入电力数据网。

2.4.1 公共模型数据

省级电网调控云的公共模型由人员组织机构和外部环境等数据组成。组织机构模型按照公司—机构—处室—人员四级对象搭建，其中公司和机构是自引用对象，即省级电网公司的上级机构是国家电网有限公司，地级电网的上级机构是省级电网，机构归属到公司，省级调度机构归属到省级电网公司，处室归属到对应的机构，岗位、人员归属到处室，外部环境由水文、气象、煤矿和其他环境组成。公共模型如图 2-14 所示，公共模型数据资产目录详见附表 1-1。

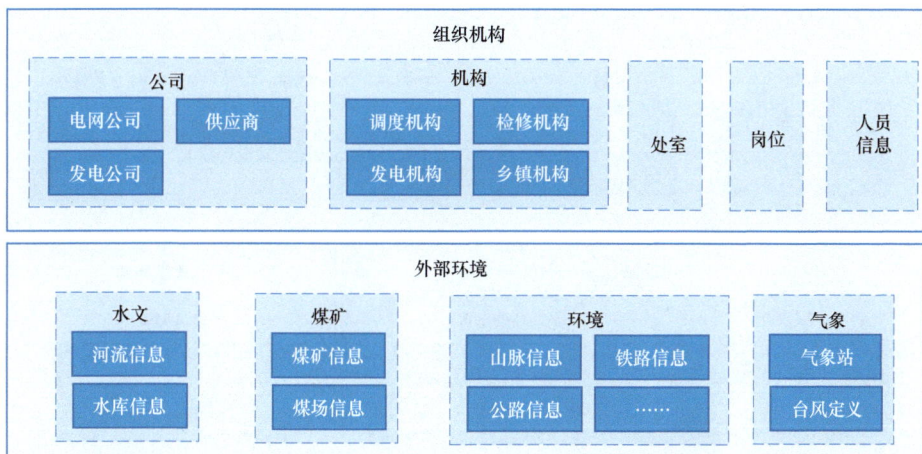

图 2-14　公共模型

2.4.2 电网一次模型

1. 主网模型

省级电网调控云的电网模型建立了电网之间的上下级关系，电网、厂站与一次设备之间的连接关系，并按照静态模型数据对变电设备、发电设备、直流设备等一次设备进行规模汇总统计。发电厂、变电站与换流站等容器对象汇总形成厂站汇总表，主要维护所属电网、所属调度机构、拓扑逻辑、地理位置、电压等级等信息，并扩展接线方式参数信息表。厂站下面挂接间隔单元，线路、机组、变压器、隔离开关、直流设备、储能、互感与无功补偿等一次设备挂接相应的所属厂站、所属间隔，每类变电设备扩展相应的参数属性表。根据电网拓扑关系，对一次设备进行拓扑连接，组成站内拓扑图。主网模型关如图 2-15 所示，主网模型数据资产目录详见附表 1-2。

图 2-15 主网模型

2. 配电网模型

省级电网调控云配电网模型数据通过资源业务中台获取馈线、配电变压器、隔离开关等模型数据。通过配电网馈线与主网馈线开关挂接，完成主配模型贯通，通过营销系统提供的变台关系完成营配贯通，并根据变台关系与配电变压器用户运行数据完成配电变压器运行数据关联。配电站房按照所属馈线挂接馈线段、电压互感器、断路器、配电变压器、母线等设备按照站内站外区分挂在馈线或配电站房下，通过配电网拓扑节点和配电网拓扑关系，形成馈线单线图拓扑和配电站内图拓扑。配电网模型如图 2–16 所示，配电网数据资产目录详见附表 1–3。

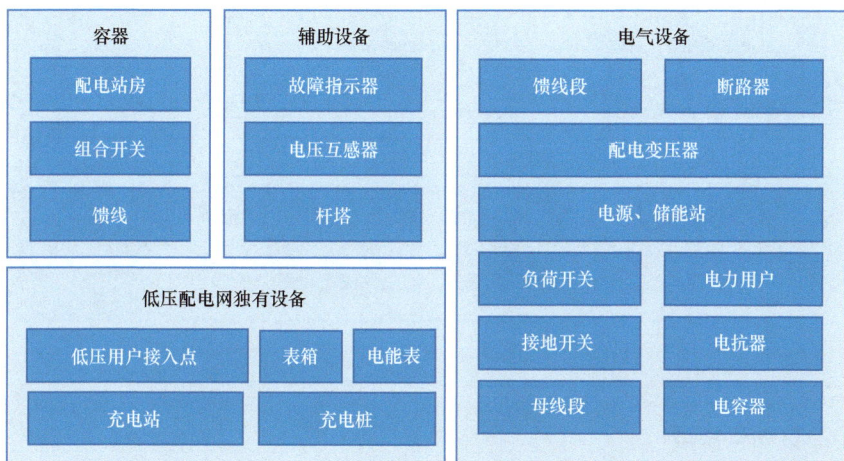

图 2–16　配电网模型

2.4.3　电网二次模型

1. 保护模型

电网保护模型是指用于电力系统中的继电保护装置的模型，如图 2–17 所示。继电保护装置是实现对线路、变压器、母线、断路器、电容电抗等电气设备的保护的关键部分，包括过保护告警、保护遥测、保护压板、保护事件、保护定值和保护等多种保护类型。保护模型数据资产目录详见附表 1–4。

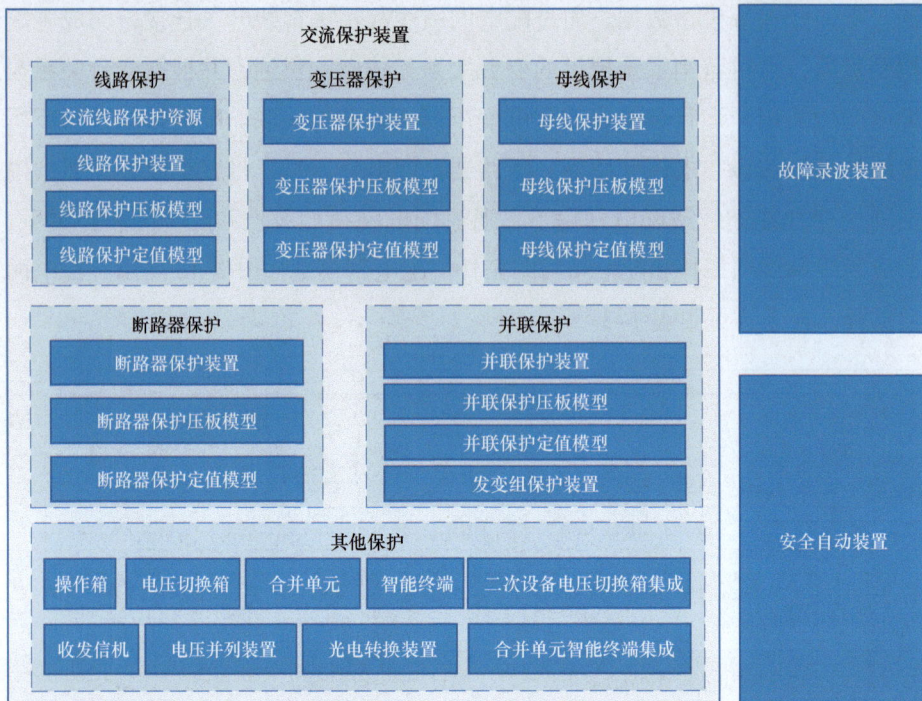

图 2-17 保护模型

2. 自动化模型

电网自动化模型按照主站系统、厂站系统、调度数据网、安全防护系统进行分类，并通过节点设备的功能以及设备与系统的关系，将设备挂接到对应节点，如图 2-18 所示。主站设备分为主站系统的计算机设备类和自动化辅助设备类；厂站设备主要分为计算机设备类、自动化辅助设备类、厂站自动化设备；调度数据网设备主要保护路由器、交换机等；安全防护设备主要包括横向隔离装置、纵向加密装置、防火墙、入侵检测设备。自动化模型数据资产目录详见附表 1-5。

3. 通信模型

电网通信模型横向上可以划分骨干通信网、接入通信网两层，纵向骨干网又可以分为传输网、数据网、支撑网，如图 2-19 所示。厂站通过一次电源设备和通信电源设备为骨干通信网提供电源支持，保护装置、稳控装置和数据网通过业务通道进行数据交流，光缆设备、机房设备通过所属关系和连接关系挂接在通信站下，通信模型数据资产目录详见附表1-6。

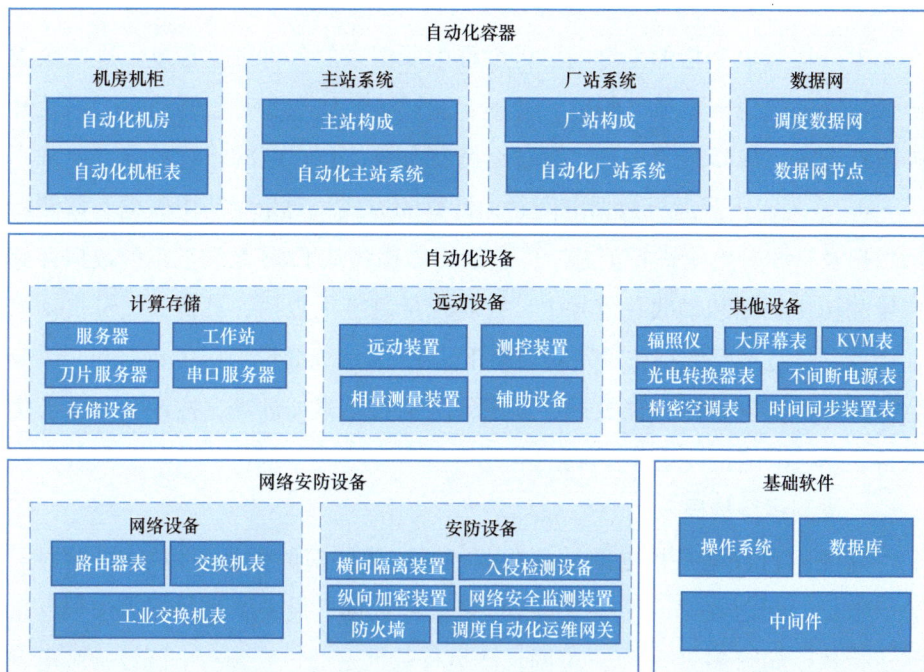

图 2-18 自动化模型

图 2-19 通信模型

2.4.4 电网运行数据

电网运行数据指的是电网运行过程中所记录的各种数据信息。这些数据包括电网的电压、电流、频率、功率、能耗等参数的实时监测信息，以及开关操作记录、故障报警信息、设备运行状态等信息。电网运行数据主要来源于 EMS 系统，按照运行数据电网总加计算的方式，对量测历史数据、量测特征数据及日积分电量进行汇总。厂站运行数据将从 EMS 系统汇集的数据存储在量测历史数据和事故总信号中，并实现量测特征数据、日积分电量自动累加计算。设备运行数据按设备对象将汇集 EMS 系统的量测历史数据和开关变位事件，并实现量测特征数据、日积分电量自动累加计算，按设备对象汇集设备故障、缺陷、计划等管理数据。

1. 量测运行数据

量测运行数据是指电网设备在运行过程中的实时数据，包括电网数据、分区数据、断面数据、厂站数据、设备量测数据、设备状态数据等参数，量测运行数据如图 2-20 所示。电网量测运行数据是通过安装在电网设备和电网各个层面上的量测装置所采集的实时数据，用于监控电网的运行状态、了解电网的负荷需求和发电供应情况、优化调度策略、进行故障定位和处理等方面，量测数据资产目录详见附表 1-7。

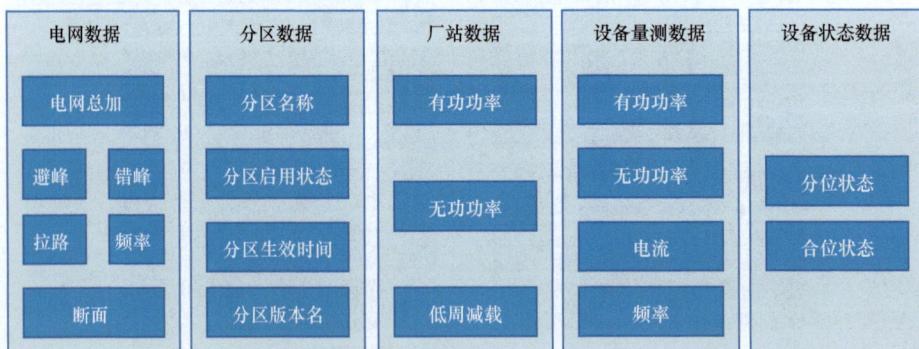

图 2-20　量测运行数据

（1）电网数据是指将电网中各个设备的数据进行累加，得到电网整体的运行数据，如总电量、总负荷等，用于了解整个电网的运行概况。

（2）分区数据是指将电网按照地理位置或行政区域划分为不同的区域，并对每个区域的用电情况、负荷水平、发电供应等数据进行监测和分析，以更好地掌握不同区域的能源需求和供应情况。

（3）厂站数据是指将厂站内的设备的电力参数进行累加或汇总所得的数据，如电压、电流、功率等，这些数据可以反映该区域的电网运行情况。

（4）设备量测数据是指从电网设备中采集的各种电力参数，如电压、电流、功率因数、有功功率、无功功率等，这些数据可以反映设备的状态和性能。

（5）设备状态数据是指反映电网设备运行状态的数据，如开关状态，这些数据可以用于实时监控设备的运行状态，及时发现和解决潜在的故障。

2. 预测运行数据

电网预测运行数据是指基于历史和实时电网运行数据，通过数据挖掘和分析预测未来电网的运行状态和性能的数据，数据包括负荷预测和发电计划，如图 2-21 所示，预测运行数据资产目录详见附表 1-8。

图 2-21　预测运行数据

（1）负荷预测是指根据历史负荷数据和各种影响因素，预测未来电网的负荷需求，是电力系统调度和运行管理的重要依据之一。负荷预测的准确性直接影响到电力系统的稳定性和可靠性，对于电网的运行和规划具有重要的意义。

（2）发电计划是指根据负荷预测和各种发电资源的可用情况，制订未来一段时间内的发电计划，包括发电类型、发电量和发电时间等。发电计划是电力系统运行和规划的重要依据之一，对于保障电力系统的稳定性和可靠性具有重要意义。

3. 电力气象运行数据

电力气象运行数据是指与电力相关的气象信息，有助于分析和预测电网发电用电数据。雨量与水力发电有关，辐照与光伏发电有关，风速风向与风力发电机有关，温度天气与用电有关，台风数据更是直接影响电网安全运行，电力气象运行数据主要包括实况和预报数据，如图 2-22 所示，数据资产目录详见附表 1-9。

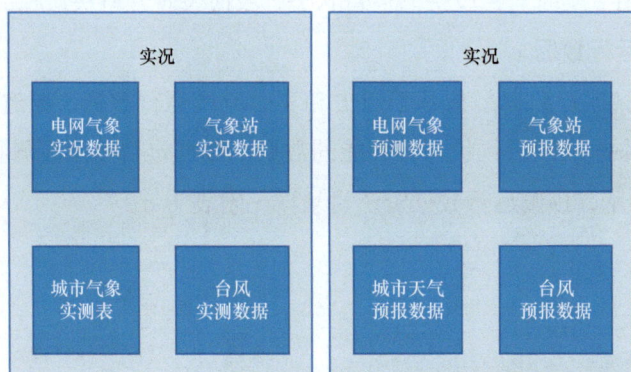

图 2-22 电力气象运行数据

4. 管理运行数据

电网管理运行数据是指电网运行过程中产生的管理类数据，涵盖了电网运行和维护工作的各个方面。管理运行数据主要包括故障缺陷、越限、停电计划、燃煤燃气等数据，如图 2-23 所示，数据资产目录详见附表 1-10。

故障缺陷数据通常来自设备的运行和维护记录，包括故障的类型、位置、时间、处理方法等信息，用于分析故障原因、影响和预防措施，进而优化设备的维护和检修计划。

越限数据反映了电网设备在运行过程中超过预定限值的情况，对于及时发现和解决潜在的安全风险具有重要意义。

故障缺陷	越限	停电计划	燃煤燃气
事故总信号	断面越限	月度检修计划	燃气电厂发电
直流系统故障			燃气电厂缺煤
交流线路故障	线路越限	日前停电计划	煤炭供耗存预测
交流线路缺陷			
变压器缺陷	电压越限	月度停电计划	生产用煤

图 2-23　管理运行数据

　　停电计划包括停电的时间、原因、影响范围等信息，用于合理安排电网的运行和维护工作。

　　燃煤燃气数据包括燃煤燃气采购、储存、消耗等数据，用于优化能源利用和提高效率。

5. 保护事件运行数据

　　电网保护事件运行数据包括线路保护、变压器保护、母线保护、断路器保护、并联保护等数据，如图 2-24 所示，数据资产目录详见附表 1-11。

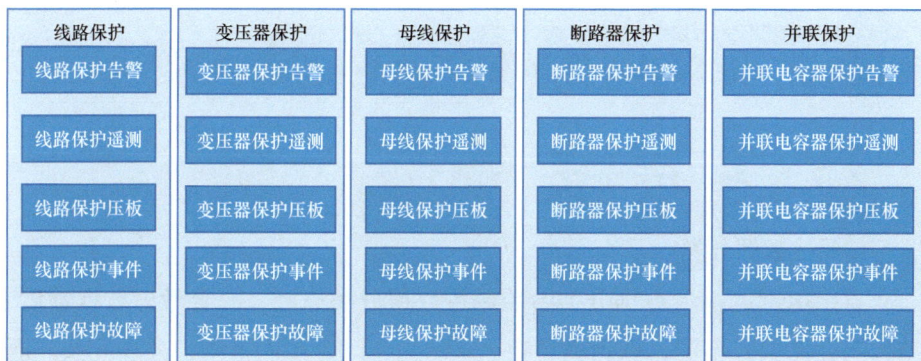

线路保护	变压器保护	母线保护	断路器保护	并联保护
线路保护告警	变压器保护告警	母线保护告警	断路器保护告警	并联电容器保护告警
线路保护遥测	变压器保护遥测	母线保护遥测	断路器保护遥测	并联电容器保护遥测
线路保护压板	变压器保护压板	母线保护压板	断路器保护压板	并联电容器保护压板
线路保护事件	变压器保护事件	母线保护事件	断路器保护事件	并联电容器保护事件
线路保护故障	变压器保护故障	母线保护故障	断路器保护故障	并联电容器保护故障

图 2-24　保护事件运行数据

　　线路保护数据包括对电网线路故障的检测、隔离和恢复，以确保电网的稳定和可靠运行；变压器保护数据包括对变压器负荷超载、过电压、欠电压等故障的检测和保护，以防止变压器损坏和影响电网运行；母线保护数据包括对母线故障的检测和隔离，以防止母线故障对整个电网造成影响；断路器保护数据包括对断路器故障的检测和跳闸保护，以确保断路器能够正确地断开电路，防止电网事故扩大；并联保护数据包括对并联设备的故障检测和保护，以确保并联设备的稳定和可靠运行。

6. 配电网运行数据

配电网运行数据包括专用变压器遥测、公用变压器遥测、开关遥信、开关遥测，配电网运行数据资产目录详见附表 1-12。

（1）专用变压器遥测、公用变压器遥测是指对专用变压器、公用变压器的各种电力参数进行采集和监测，如电压、电流、有功功率、无功功率等，这些数据可以反映变压器的运行情况和供电质量。

（2）开关遥信是指将开关的位置信号进行采集和监测，如开关的开 / 关状态等，这些数据可以用于实时监控开关的状态，及时发现和解决潜在的故障。

（3）开关遥测是指对开关的电力参数进行采集和监测，如电压、电流等，这些数据可以反映开关的运行情况和状态。

2.5 数据安全规范

2.5.1 数据分类分级

1. 调控数据分类

省级电网调控云数据分类参照调控数据分类原则，综合考虑数据性质、结构及存储模式不同，做到类目唯一、结构合理、层次清晰，减少冗余。原则上划分为模型数据、运行数据、实时数据及管理数据四大类。

（1）模型数据是调控对象实体抽象出的公共、参数、关系信息，用以构建电网、系统、网络、组织机构等模型，主要包括一次模型、二次模型及公共模型数据。

（2）运行数据是电网运行过程中产生的用以反应电网及相关一、二次设备运行状态的各类历史数据，主要包括电力、电量、计划、预测、环境、市场、告警、日志、事件等数据。

（3）实时数据是调控系统实时收集和产生的量测数据，主要包括厂站端生成的设备量测，以及主站系统数据处理产生的计算结果，具有时效性强的特点。

（4）管理数据是调控业务管理过程中相关应用或系统收集和产生的数据，主要包括业务流程、管理报表、专业管理材料及调度机构内部事项等数据。

2. 调控数据分级

省级电网调控云数据分级遵照调控数据分级原则，在省级电网调控云数据分类的基础上，综合考虑电网生产运行和调度专业管理等因素，根据数据遭到篡改、破坏、泄漏或者被非法获取、非法利用后的危害程度，将数据级别从高到低分为三级。同一级别数据应按照防泄漏、防篡改保护需求不同，采取相应的防护措施。

（1）一级数据。数据一旦遭到篡改、破坏、泄漏或者非法获取、非法利用，可能影响电网安全运行，或影响市场主体的经济利益，如遥控遥调、发电计划、保护定值、市场出清数据等。

（2）二级数据。数据一旦遭到篡改、破坏、泄漏或者非法获取、非法利用，可能对电网的监视分析造成影响，如一次模型、电力电量、遥信遥测等数据。

（3）三级数据。数据遭到篡改、破坏、泄漏或者非法获取、非法利用，不会对电网运行监视产生直接影响，如二次设备运行监视、公共模型、调控专业管理等数据。三级数据需考虑交互或公开数据规模，避免由于数量过大被用于关联分析。

2.5.2 数据安全要求

省级电网调控云从数据采集、传输、存储、使用、交换、销毁全过程规定了数据安全管理要求。

1. 数据采集安全

省级电网调控云数据采集安全是指确保数据采集过程中数据的机密性、完整性和可用性，以及建立安全的数据采集系统的一系列措施和实践。确保数据采集安全可以采取以下措施。

（1）数据采集准确性。建立汇集端校验数据源端采集数据范围的机制，避免多个数据源端交叉数据汇集导致数据错误的问题，提升数据采集准确性。

（2）数据采集时效性。限制数据采集的时间范围，避免非采集时间范围内数据的多次采集引起数据覆盖导致数据不一致的问题，保障数据采集的时效性。

2. 数据传输安全

省级电网调控云数据传输安全是指在数据从发送方到接收方的过程中，保护数据的机密性、完整性和可用性，防止数据在传输过程中被窃取、篡改或丢失的措施和实践。为确保数据传输安全，可以采取以下几个方面的措施：

（1）数据传输管控。加强边界数据传输安全管控，实现系统内部人机云终端与应用服务器，以及系统之间的数据安全传输，提升边界数据传输的安全防护能力，防止敏感数据的泄露和篡改。

（2）网络安全措施。加强网络层面的安全措施，如防火墙、入侵检测和入侵防御系统等，以减少数据传输过程中的风险，防止未经授权的访问和攻击者对网络进行入侵。

（3）监控和审计。对数据传输过程进行实时监控和审计，及时发现和应对异常情况，确保数据传输的安全性。

3. 数据存储安全

省级电网调控云数据存储安全是指在数据被存储在硬件设备（如服务器、数据库、云存储等）或其他媒体上的过程中，保护数据的机密性、完整性和可用性，防止数据被未授权地访问、篡改或丢失的措施和实践。

为确保数据存储安全，可以采取以下几个方面的措施。

（1）数据库安全性。制定数据库安全管理机制，细分系统管理员、安全管理员、审计管理员三类角色；细粒度划分业务用户访问权限，避免使用DBA角色，实现业务用户访问权限最小化；优化数据库防火墙配置，实现数据库的访问控制、危险操作阻断、可疑行为审计;定期清理数据库无访问需求的失效用户,保障数据的安全性。

(2)数据加密措施。结合数据分类分级清单,对安全等级要求高的如现货报价数据、电网接线图、电力设备地理位置数据进行加密存储;通过存储介质加密,防范存储介质遗失及错位使用的风险,提升数据存储的安全性。

4. 数据使用安全

省级电网调控云数据使用安全是指在数据被授权用户使用的过程中,保护数据的机密性、完整性和可用性,防止数据被未授权的用户访问、篡改或泄露的措施和实践。

为确保数据使用安全,可以采取以下几个方面的措施。

(1)数据访问控制。通过基于用户角色的权限管理,限制用户访问的数据范围;通过基于数据服务接口的资源管理,限制数据服务接口任意访问,提升数据使用的安全性。

(2)数据访问审计。健全应用程序、中间件、数据库等相关模块的日志,监视分析数据访问行为,以满足数据访问的安全审计要求。

(3)限制数据下载。面向系统外且涉及重要核心数据的报表,关闭下载功能,仅保留查阅功能;面向系统内的报表,结合权限管理实现查阅及下载功能控制,对下载数据操作及内容日志进行保存。

(4)数据使用保护。在人机交互、报表等界面使用数字水印,防止数据在使用过程中被截屏、拍照导致数据泄漏,无法溯源追责。使用数据脱敏技术保护市场申报等敏感信息,降低重要数据在共享和移动时的风险,提高数据安全性。

(5)数据交换隔离。应用面向科学研究、系统测试的数据交换隔离间技术,通过基于角色的安全控制,实现高校、系统外厂家等合作单位在数据交换隔离间使用数据的安全管理。

5. 数据交换安全

省级电网调控云数据交换安全是指数据在调控云和外系统/网络之间传输共享的过程中,保护数据的机密性、完整性和可用性,防止数据在传输过程中被未授权的用户访问、篡改或泄露的措施和实践。

为确保数据交换安全,可以采取以下几个方面的措施。

(1)规范交互流程。规范数据申请、数据审批、数据交互、数据发布等环节,建立合规的审批流程。审批流程对数据来源、数据使用方、审批人等信息进行统一管控,实现调控数据离线交互与在线交互的安全合规。

(2)离线数据管控。制定调控数据离线传输管控方案,落实相关技术措施,并对时间、审批流程、经手人、数据内容等关键信息进行记录存档,便于数据泄漏后追溯。

(3)数据交换措施。理清已开展的数据交换的范围,提供多种类型的数据共享形式,统一部门内、外各业务数据的出口,对数据交换的全流程进行监控和异常预警。

6. 数据销毁安全

省级电网调控云应遵循省级调控机构数据销毁机制,充分开展风险评估,明确销毁对象,履行审核手续,并对销毁活动进行记录和留存,按照省级调控机构数据安全相关规定开展销毁活动。

2.5.3 数据管理手段

按照省级调度机构数据安全总体建设理念,推进省级电网调控云数据安全制度规范、技术防护、运行管理等数据安全能力建设,以浙江省级电网调控云数据管理为例,见表2-9。主要管理手段如下。

(1)严格身份认证和权限管理防范非法违规访问。

(2)加强授权访问防止数据被非法获取。

(3)采用数据加密脱敏等技术避免数据隐私泄露。

(4)利用数字签名、区块链等技术防止数据篡改。

(5)实现安全事件追踪溯源,层层推进筑牢数据安全屏障。

表 2-9　　　　　　　　　　　　　　数据管理

安全要求	目标	安全措施	技术防护	制度规范	运行管理
进不来	内防	数据按照重要程度分类分级，重要敏感数据放在防护程度高的"保险箱"里	分类分级	数据分类分级规范：如 GB/T 38667—2020《信息技术 大数据 数据分类指南》	分类分级管理；部分敏感数据实现自动分级
		对数据安全管理员、数据权限使用者等不同角色的进行权限管控，防止越权访问数据	权限管控	数据访问权限规范，如 GB/T 35273—2020《信息安全技术 个人信息安全规范》	渗透测试；实时监控；异常阻断
	外防	个人敏感数据调用前，需通过刷脸等方式进行身份认证，验证是否本人调用	身份认证	数据访问权限规范，如 GB/T 35273—2020《信息安全技术 个人信息安全规范》	
		建立应用秘钥、刷新秘钥、访问秘钥三层接口秘钥体系，防止接口数据盗用	接口秘钥	数据共享规范，如 GB/T 37973—2019《信息安全技术 大数据安全管理指南》	等保密评
	补漏	通过常态化安全检查，发现数据安全运行运维薄弱环节和漏洞	安全检查	数据安全监督检查规范，如 GB/T 37973—2019《信息安全技术 大数据安全管理指南》	数据安全专项检查
拿不走	接口数据拿不走	利用接口监测技术能力，实现数据接口调用风险动态监测和预警处置	接口监测	数据共享规范，如 GB/T 35273—2020《信息安全技术 个人信息安全规范》	风险预警处置
	批量数据拿不走	利用数据沙箱提供"可用不可见、数据不出域"的安全开发环境	数据沙箱	数据安全防护，如 GB/T 39204—2022《信息安全技术 关键信息基础设施安全保护》	批量数据共享；数据开放
		利用多方安全计算等新技术，推动各个部门数据安全共享	多方安全计算	数据安全防护，如 GB/T 39204—2022《信息安全技术 关键信息基础设施安全保护》	多方安全计算场景化应用
	弃置数据拿不走	利用数据销毁能力，及时销毁弃置数据，如已加密的明文备份数据等	销毁能力	数据封存销毁规范，如 GB/T 37973—2019《信息安全技术 大数据安全管理指南》	数据销毁

续表

安全要求	目标	安全措施	技术防护	制度规范	运行管理
拿不走	数据风险全闭环	依托态势感知技术能力，及时发现违规行为和安全风险形成数据安全管理闭环	态势感知	监测预警规范，如GB/T 37973—2019《信息安全技术 大数据安全管理指南》	日志审计；风险预警处置
看不懂	数据通过非法途径被获取后看不懂	数据按照重要程度分类分级，针对级别高的数据在存储和传输过程进行加密	数据加密	数据加密规范，如GB/T 35273—2020《信息安全技术 个人信息安全规范》	敏感数据加密
		对姓名、身份证号、手机号等个人敏感信息进行脱敏处理，既实现敏感隐私数据保护，又可以在开发、测试等环境下安全利用脱敏后的真实数据集	数据脱敏	数据脱敏脱密规范，如 GB/T 35273—2020《信息安全技术 个人信息安全规范》	敏感数据全量脱敏
改不了	无权限改	采用权限管控技术对高危访问行为进行告警及阻断，避免数据被篡改	权限管控		访问权限防护策略细
	改完用不了	采用数字签名技术对电子证照数据进行签名验签，被篡改的数据无法通过签名验签，不能被正常调用	数字签名		数字签名使用范围扩充
	篡改成本高	采用去中心化权限分配机制对数据权属进行管理，篡改数据需要控制50%以上节点，成本巨大	区块链		数据权属信息上链
赖不掉	过程留痕	依托区块链服务系统，借助区块链技术透明共享、防篡改的特性，确保上链的日志数据全程可靠、可追溯	区块链		数据操作日志上链
	事件追溯	对数据表和重点接口完成动态水印加注，实现数据泄露有迹可循和数据所有权有据可查	动态水印		运维水印、接口水印、回流水印加注和溯源

第 3 章

·····································

服务体系

··

　　服务体系是由服务标准化描述、服务质量约束路由选择和质量评价指标组成，实现应用服务标准化统一管控，保障省级电网调控云站点间云服务的高效稳定交互，提升资源、数据、服务、应用的协调感知和协同共享能力。省级电网调控云服务体系有效提升应用功能和数据的标准化、规范化程度，减少大量重复开发，降低对数据库的随意、频繁、无序访问，以及对计算和存储资源的重复占用，实现对数据库、存储、核心算法的内核化，提高了系统核心部件的安全性和稳定性。

　　本章围绕省级电网调控云服务体系架构，介绍了服务总线、服务设计、服务发布、服务调用样例等内容，阐述了目前省级电网调控云平台的服务支撑能力，用于指导各应用开发厂商快速集成。

3.1 服务概述

省级电网调控云按照"开放性、通用性、标准化、服务化"的原则，将可独立部署并为其他业务所共享的功能封装为服务，采用标准统一的输入、输出、控制参数等，通过高复用性的服务形式支持不同业务场景的重复使用，提高系统的开放性和灵活性。

省级电网调控云服务遵循"统一管理，分类支撑"的原则，对 PaaS 公共资源进行统一管理，按照服务类别分为公共类服务、基础类服务、模型类服务、数据类服务、展示类服务、计算类服务和交互类服务七大类服务，为应用提供统一的开发和运行环境。

省级电网调控云服务体系按照服务范围分为内部服务和广域服务，其中内部服务供省级电网调控云站点内部使用，广域服务供各调控云节点协同交互使用，服务体系架构如图 3-1 所示。

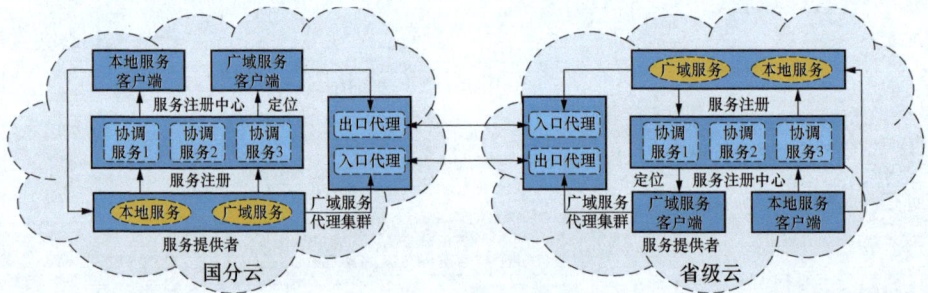

图 3-1 服务体系架构

省级电网调控云各服务通过服务总线将服务发布到服务注册中心。内部服务的请求、响应在本站点内部完成。广域服务请求统一由广域服务代理集群进行转发，站点和节点间只需要开通广域服务代理节点的 IP 和端口，满足两级云服务交互需求，避免节点间服务直接交互造成的节点内部网络对外暴露。

3.1.1　设计原则

省级电网调控云服务设计、研发遵循一致性、高效性、动静分离、颗粒度最优化原则。

（1）一致性。各应用软件厂商提供统一、标准的服务接口，实现跨语言、跨平台交互。

（2）高效性。支持为多用户同时提供服务，满足高并发请求的要求。

（3）动静分离。为了减少大规模数据的重复传输，采用动静分离的轻量级通信设计原则，对于不经常变化的数据通过订阅发布的方式进行主动通知，不需要每次被动获取。

（4）颗粒度最优化。服务颗粒度大小从效率、重用性、灵活性等几个方面综合考虑，每个服务尽可能独立完成一个功能（最大限度的聚合），不依赖于服务外部的功能，同时当修改一个服务时，不需要修改其他的服务，实现省级电网调控云服务的高内聚、低耦合。服务调用时，避免出现服务间环形依赖、双向依赖、长依赖，例如：A 服务依赖 B 服务，B 服务依赖 C 服务，C 服务依赖 A 服务。

3.1.2　服务分类

省级电网调控云服务按照支撑运行生产的范围划分为公共类服务、基础类服务、模型类服务、数据类服务、计算类服务、展示类服务和交互类服务。其中公共类服务依托于调控云平台资源，提供统一、标准、开放的开发及运行环境等公共基础性服务；模型类服务遵循"结构化设计"，提供对象类别、对象属性、对象字典等模型结构数据查询与校验服务；数据类服务依托省级电网调控云汇集的各类数据，为各类应用提供按对象、时空、数据集等多维度查询；展示类服务与数据类服务对应，提供各类电网对象的统一、标准、轻量级的人机展示服务；交互类服务是为用户提供更好的交互体验的服务；计算类服务依据应用分析需求，提供公共的计算服务。

省级电网调控云服务按照服务范围分为内部服务和广域服务，其中内部服务供各调控云节点内部使用，广域服务供外部应用协同交互使用。

3.1.3　服务总线

1. 服务发布与消费

服务发布与消费是服务总线的重要功能之一，实现省级电网调控云内部的不同应用发布和消费服务。服务发布是指将服务以注册形式直接提供给其他厂商使用。服务消费是指消费者为获取服务而进行的所有消费行为。在服务总线中，服务发布与消费的实现需要遵循一定的标准和协议，例如：网络简单对象访问协议（simple object access protocol，SOAP）、表述性状态传递（representational state transfer，REST）、Java 消息服务（Java message service，JMS）等。同时，服务总线还需要提供安全认证、消息路由、转换、传输等功能，以确保服务调用过程中的安全性和可靠性。

（1）服务发布。将注册的服务发布到注册中心，服务后台集成云服务总线依赖 Java 应用程序资源（java application resource，JAR）包、总线相关配置文件，服务发布成功后，将展示服务的英文名、中文名、服务类型、服务提供者数量、服务消费者数量等信息。

（2）服务消费。通过消费注册中心的服务，即在消费端将服务进行实例化。服务消费成功后，将展示服务接口名、服务消费者 IP 地址、消费者应用名、服务消费者、服务消费者启动时间等信息。

（3）服务调用。将服务方法别名作为服务调用的唯一标识，建立服务方法别名路由表，服务调用者通过服务方法别名进行服务定位，定位成功后通过传入参数即可调用服务，不再依赖服务接口 JAR 包。

2. 服务治理

服务治理是微服务架构中最为核心和基础的模块，用于实现各个微服务的自动化注册和发现等功能，以确保服务的高可用，服务治理主要包含以下功能。

（1）服务负载均衡策略配置优化。配置的服务策略包括随机策略、轮询策略、最小并发数策略，支持单个服务负载均衡策略配置调整，同时依据访问频率高服务分析结果，自动调整分配策略。

（2）服务的安全授权。对应用调用服务的权限进行授权管控，通过服务消费者 IP、应用号、服务厂商等信息进行服务访问限制，没有通过服务授权的应用无法调用平台服务。

（3）服务状态切换。同一个服务存在多厂家同时在线时，按服务厂商对单个服务进行启用、停用、切换，保障一个服务厂商的服务为启用状态。

（4）分布式集群管理。在分布式集群中通过感知硬件故障、网络问题等变化，动态做出响应策略，能够易扩展增、减节点，防止单点故障，实现集群化管理，简化了集群管理的复杂性。

3. 服务监视

服务监视是指对服务的运行状态及其性能进行实时的监控和评估，以确保服务的稳定性和可靠性。

（1）服务状态监视。通过监控服务的运行状态，如服务是否在线、服务是否正常、服务的响应时间等，来评估服务的性能。提供基础的视图展示功能，在线服务提供者信息，展示信息包括服务接口名、服务 IP 地址、服务端口号、服务启动时间、状态等信息。

（2）服务性能监视。通过监控服务的性能指标，如吞吐量、并发数、响应时间等，来评估服务的负载能力和性能。提供视图服务列表展示，展示信息包括服务的英文名、中文名、服务类型、服务提供者数量、服务消费者数量等信息。

（3）服务异常监视。通过监控服务的错误信息，如异常信息、错误次数等，来发现和解决服务的问题。

（4）服务安全监视。通过监控服务的安全指标，如防火墙规则、访问日志等，来保障服务的安全性。

4. 服务日志

服务日志管理是对服务发布、消费过程中产生的日志进行统一管理，以发现服务存在的隐患、异常及事后分析。

（1）日志收集。通过设置日志记录参数和监控工具，收集服务的日志信息，日志消息包括但不限于对服务发布、消费全过程进行记录，服务响应信息进行记录等。

（2）日志存储。通过将收集到的日志信息规范存储在集中式的日志服务器上，保证数据的完整性和可靠性。

（3）日志分析。通过日志分析工具对收集到的日志进行分析，识别异常事件。

（4）日志报告。定期生成日志报告，向管理员展示系统运行状况和安全事件，协助管理员及时发现隐患和处理问题。

5. 服务分析

服务统计分析是基于服务总线上各服务的运行状态、运行性能进行分析和服务调用记录查询，利用分析结果辅助管理者与服务厂商提升服务质量。

（1）服务运行状态分析。按天统计、按月统计服务的调用成功、失败情况。

（2）服务运行性能分析。按天统计、按月统计服务的平均响应时间、最大响应时间情况。

（3）服务调用记录查询。按天统计、按月统计服务的调用信息功能。

6. 广域代理

广域服务代理是针对外部门访问服务总线提供的特定的服务调用方式，通过网络限制、服务代理、服务控制的形式保障服务的安全性、可靠性。

（1）服务调用。提供应用之间的广域服务定位与访问功能。

（2）配置管理。对国分云、省级云平台的广域服务代理集群的 IP 地址和端口信息进行统一配置管理，并实时监视其运行状态。

（3）调用监视。对广域服务代理的调用过程进行追踪监视，监视信息包括服务名、区域名、消费者 IP、请求参数信息、返回结果大小、调用耗时等。

3.1.4 服务注册

微服务注册基于调控云服务总线，主要分为接口及服务的实现和注册发布，一般在项目启动时自动发布服务，具体要求如下。

（1）内部服务总线适用于服务提供者与服务消费者之间通过内网地址进行服务调用的场景，必须循内部服务总线手册。

（2）广域服务总线适用于服务提供者与服务消费者之间通过广域服务代

理进行跨域服务调用的场景，使用广域服务总线能够透明地调用其他云平台
上发布的广域服务。

（3）若初次使用云服务总线，推荐使用本地服务总线进行调试，因广域
服务总线需要由支持人员对注册中心进行设置。

（4）所有业务应用的服务调用统一采用泛化调用方式，实现服务生产者
与消费者之间的业务解耦，最大程度减少因生产者变更服务而给消费者带来
的程序改动工作量。

服务注册发布步骤及示例代码如下。

（1）创建服务总线，配置文件 BusRegistry.properties，此配置文件用于配
置内部集群的 IP 地址和广域集群的 IP 地址，示例配置如下所示：

```
LocalRegistry= 内部集群 IP1, 内部集群 IP2, 内部集群 IP3
PublicRegistry= 广域集群 IP1, 广域集群 IP2, 广域集群 IP3
```

（2）注册服务，示例代码如下所示：

```
Public class PublishServiceTest{
Public static void main(String[]args){
// 创建本地服务总线实例
ServiceBus servBus=new ServiceBus();
// 初始化本地服务总线
servBus.init();
/**
* 创建一个服务实例，第一个参数为区域名，第二个参数为应用
名，第三个参数为公司编码，第四个参数为版本号，第五个参数为服
务名即接口类名，第六个参数为接 * 口类的全限定名即 PackageName.
InterfaceName，第七个参数为接口实现类的全 * 限定名。
**/
Serviceservice=newService（"zj","test","kd_110dig","v2"，"Log","dcloud.
```

```
common.Log","dcloud.common.LogImpl"）;
    // 设置服务超时时间
    service.setTimeout(10000);
    // 设置服务端口号
    service.setPort(5555);
    // 在本地服务总线注册服务
    servBus.registerService(service);
    // 发布服务
    servBus.startService(service.getServiceID());
    // 在 main 方法中发布服务，需要保持程序运行
    while(true){
    try{
    Thread.sleep(1000);
    }
    catch(InterruptedException e){
    e.printStackTrace();
    }
    }
    }
    }
```

（3）注册发布服务，示例代码如下所示：

```
    ServiceBus servicebus=new ServiceBus();
    servicebus.init();
    // 新建服务实例，参数分别为区域，应用名，供应商编码，版本，服
务名
    Service service=
    new Service("zj","dataservice","hy","v1","CloudServiceDao",
```

```
"com.huayun.CloudServiceDao","com.huayun.CloudServiceDaoImpl");
// 设置超时时间 service.setTimeout(10000);
// 设置服务端口号 service.setPort(5555);
// 注册服务 servicebus.registerService(service);
// 发布服务 servicebus.startService(service.getServiceID());
```

3.1.5 服务调用

省级电网调控云提供规范化的总线服务接口集成方法，为各应用提供集成服务总线所需的依赖包，应用通过初始化服务总线实例，完成站内服务和广域服务的消费。

服务调用步骤及示例代码如下：

（1）创建服务总线，配置文件 BusRegistry.properties，此配置文件用于配置内部集群的 IP 地址和广域集群的 IP 地址，示例配置如下所示：

```
LocalRegistry= 内部集群 IP1, 内部集群 IP2, 内部集群 IP3
PublicRegistry= 广域集群 IP1, 广域集群 IP2, 广域集群 IP3
```

（2）如是调用站内发布的服务，示例代码如下所示：

```
ServiceBus service=new ServiceBus();
service.init();
CloudServiceDao csd=service.locateService("com.huayun.CloudServiceDao");
csd.getCloudData(MEAS_DIC,null,−1,null);
```

（3）如是调用跨站点发布的服务，需通过广域代理方式进行调用，示例代码如下所示：

```
ServiceBus Proxyserv=new ServiceBusProxy();
ServiceHead ser=new ServiceHead("zj","com.huayun.CloudService
Dao",null);
String params="getCloudData;MEAS_DIC;null;-1;null";
Service Responseinvoke=serv.invoke(ser,params);
System.out.println(invoke.getRet_body());
```

3.2 公共类服务

公共类服务依托于调控云平台资源，基于标准化服务接口发布服务，涵盖资源监视、数据库管理、认证服务、权限服务、文件服务、任务调度服务和日志服务等公共支撑服务，为电网调控云应用提供统一、标准、开放的开发及运行环境的公共基础性服务，公共类服务清单详见附表 2-1。

3.2.1 通用数据服务

省级电网调控云通用数据服务包括通用关系库数据、MPP 大数据仓库数据的模型数据服务、量测数据服务及关系库写入服务等，涵盖省级电网主网设备模型、运行数据的读取及更新功能。

3.2.2 认证服务

用户认证基于调控云平台提供统一认证方式进行不同业务应用之间的登录信息共享，实现一站式应用访问。在简化用户密码管理的同时，减少调控云应用系统登录模块的重复性建设。基于单点登录实现的登录信息共享，用户只需要登录一次就可以访问所有相互信任的应用系统，通过协同认证功能实现省调与国分调控云之间的认证互通。

用户认证支持账号、ukey、生物特征等认证方式，具备 session 和 token两种认证模式，功能界面可按应用需要自定义登录界面，满足多场景业务需求。

3.2.3 权限服务

省级电网调控云权限管理服务实现对用户、角色和功能的统一授权管理，包括用户信息、角色、功能清单查询等。通过人员关联角色、角色关联功能，实现用户—角色—功能的关联。通过对外发布的权限相关服务可实现对电网公司用户、电厂用户、外部研究机构等多种类型人员信息及账号进行查询。

3.2.4 文件服务

省级电网调控云文件服务实现对调控云上各种文件资料的存储和管理功能，提供文件管理服务，其具体功能包括：

（1）文件管理。包括文件创建、修改、读取、删除、查询、上传、下载等。

（2）文件目录管理。包括目录的创建、删除、查询、重命名等。

（3）目录权限管理。管理公共权限设置以及分用户设置目录权限。

（4）文件预览。预览文本文件、PDF 格式文件、图片等。

（5）文件同步。根据预定义的源节点、源目录、目的节点、目的目录、时间间隔自动同步文件。

（6）文件服务注册。在调控云服务总线完成注册，为应用提供文件上传存储及获取文件服务。

（7）站点同步。实现站点间同步功能，支持站点间文件及文件信息同步。

（8）文件冗余备份。实现站点内文件冗余备份功能，支持在多台文件服务器之间的镜像和热备份存储，并保持文件的同步。

3.2.5 工作流服务

工作流引擎是基于标准技术规范，结合电网已有业务流程应用，以及未来流程集约化管理的需求而研发的流程引擎。通过对流程设计、管理、监控及统计分析等各功能特性的实现，满足各流程应用集成的需要。提供在线可视化业务流程设计，基于 Web 完成全部流程配置与运行，支撑各业务应用的便捷建模和高效编码。

工作流引擎基于 Web 浏览器完成流程的设计与操作，流程设计器提供丰富图元控件，通过不同组合支持不同场景业务需求，用户只需简单地拖拽与配置进行编辑流程，使流程类应用开发更加直观与清晰，提升开发效率。

启动流程后，根据流程设计好的流转逻辑，将不同任务分发到不同执行人手中，执行人在任务处理界面中可以进行指派后续活动、查看流程图、查看流程日志、转交、保存表单数据、发送和回退操作，并能够查看工作项信息。

流程实例管理可以查询所有流程实例，掌握当前所有流程执行状态，并对单个流程实例进行"删除""挂起""恢复"和"终止"的操作。流程统计包括流程实例数量统计、活动平均耗时统计、工作量统计、耗时统计、任务超时统计等。

3.2.6　任务调度服务

任务调度管理实现对分布式任务进行创建与调度执行。基于即时监控程序监视任务运行情况，保证了服务运行的稳定性与连续性，为业务任务的运行状态判断提供足够充分的依据。任务调度管理支持 REST 服务和本地 JAR 方式调用，实现任务的创建、修改、删除和启停。创建任务时，可定义任务的触发类型、触发间隔、执行组件等属性。基于即时监控程序对任务开始时间、结束时间、耗时、任务状态、响应内容、触发器类型、主机信息进行监控，实时掌握任务运行情况，并可结合告警服务对执行失败的任务进行告警。

通过任务运行信息的统计分析，可从多维度监测任务执行情况，包括在线执行机数量、总任务数、运行中任务数、暂定任务数、任务调用统计、任务执行成功失败统计等，从全局掌握任务执行情况。

3.2.7　告警服务

告警管理为调控云应用提供使用方便、配置灵活、展现方式多样的告警支撑能力，支持定义和分析处理系统中各类告警信息。根据告警定义通过浏览器实时推送、短信通知等方式发出告警信息，并支持告警信息的历史查询。

告警管理支持定义告警动作，包括短信通知、语音通知等，结合配置告警等级关联告警动作，通过告警消息的发出，实现告警信息的实时处理，提升系统安全性。

基于告警信息数据，支持从告警等级、时间范围、应用服务等多种维度统计告警发生情况，整体把握告警情况，为应用服务精细化运维提供数据基础。

3.2.8　日志服务

各应用在运行中产生不同格式的日志文件，一旦发生故障，很难快速定位到问题根源，通过统一日志管理，从不同的日志源端采集日志，将日志传输到指定服务器统一解析处理，以 Web 页面搜索查询的形式展示不同应用的日志信息，支撑各业务应用的统一日志处理与问题快速定位。

日志管理集采集、解析、入库、展示于一体，从不同的日志源端采集日志，通过 TCP/IP 协议将信息传输到指定服务器统一解析、存储和分析，最终以 Web 页面搜索查询的形式展示不同应用的日志信息。日志统计支持通过应用名称、主机或 IP、日志级别、时间、关键字进行日志详情检索，展示日志发生时间、日志报错详情等，支撑各业务应用问题的快速定位。

3.3　基础类服务

基础类服务基于模型数据平台的通用数据对象结构，为调控云节点提供统一、一致和标准的数据对象类别、数据对象结构、数据对象属性的查询服务，主要包含元数据服务和字典数据服务。元数据服务为两级调控云节点提供元数据版本号、元数据表结构等信息，实现调控云节点的数据结构统一。字典数据服务为调控云应用提供字典数据查询服务，提供模型对象分类、表属性规范化输入等信息。基础类服务清单详见附表 2-2。

3.4　模型类服务

　　模型类服务提供对调控云模型数据平台中模型数据的访问接口，实现电网模型数据的集中管理、分级维护、全局共享，确保各类应用设备命名统一、参数一致，向各业务应用提供规范、统一的模型服务。模型类服务包含公共数据、一次设备、自动化设备、保护设备等数据服务以及模型校验服务与统计服务，每个模型对象都提供模型数据和模型对象查询服务。模型类服务清单详见附表 2-3。

3.4.1　一次模型服务

　　省级电网调控云模型服务提供全网组织机构、电力设备容器、发电设备、输电设备、变电设备等电力模型信息的查询，保证全网模型数据的唯一性，为电网各类规模统计、运行展示、事件溯源等提供统一的模型数据支撑。

3.4.2　二次模型服务

　　省级电网调控云二次模型服务提供全网二次模型设备，如主站系统、厂站系统、安防设备模型、数据网模型等电力模型信息的查询，保证全网二次模型数据的唯一性，为电网二次设备各类规模统计、运行展示、事件溯源等提供统一的模型数据支撑。

3.5　数据类服务

　　数据类服务提供对电网设备参数、电网拓扑、量测、告警、事件、电量等数据的查询，支持按对象、时空、数据集等多维度查询，是 SaaS 层分析应用最主要的数据服务来源。数据类服务清单详见附表 2-4。

3.5.1 运行数据服务

省级电网调控云运行数据服务提供量测数据、预测数据、管理数据、气象数据等数据查询服务。通过运行数据服务可以为各应用提供统一的、标准的数据获取入口，是调控云各类应用最主要的运行数据来源。

3.5.2 实时数据服务

省级电网调控云实时数据服务提供实时数据平台上直采量测数据、计算结果数据、应用处理后的结果等数据查询服务。通过实时数据服务可以为各应用提供统一的、标准的实时数据获取入口，满足各类应用场景的实时数据需求。

3.6 计算类服务

省级电网调控云计算服务按照应用分析需求，提供公共的计算服务，主要包含电网索引树、电网规模统计等服务，后续随着调控云建设计算服务将进一步扩充。计算类服务清单详见附表 2-5。

3.6.1 规模统计服务

省级电网调控云规模统计服务主要提供以电网为维度的电网年度和月度发电规模、变电规模、直流规模、交流线路规模、直流线路规模统计计算服务。

3.6.2 模型校验服务

省级电网调控云模型校验服务提供客户端数据模型一致性、模型完整性、模型合理性、模型合规性、模型冗余性校验等服务。

3.7　展示类服务

展示类服务为调控云应用的可视化展示与人机交互提供服务支撑，包括可视化展示服务、时标数据展示服务和等高线展示服务。可视化展示服务为数据查询类应用提供不同主题对象（如断路器、变压器等对象）的可视化卡片展示；时标数据展示服务提供运行数据的曲线展示服务；等高线展示服务提供电压等高线的展示服务。展示类服务清单详见附表 2-6。

3.7.1　卡片服务

省级电网调控云卡片服务主要提供电网组织机构、电力设备容器、发电设备、输电设备、变电设备等电力模型基本信息、参数信息、运行参数的卡片展示服务。

3.7.2　全息接线图服务

省级电网调控云全息接线图服务提供基于调控云模型数据生成的电网网架接线图展示，并提供在图形上叠加、渲染各类运行数据的多主题图形。应用可以调用全息接线图服务展示电网网架以及各类主题图形，可以基于图形化开展检修、潮流、故障等运行展示与分析。

3.8　交互类服务

交互类服务为调控云的人机交互提供支撑服务，包括评价卡片、数据导出、即时通信、智能搜索等服务。评价卡片服务提供统一的评价信息录入和存储接口；数据导出服务提供列表数据导出功能，可导出为 Excel、Word、PDF 等文件格式；即时通信工具提供附件上传和数据传输服务，智能搜索对数据进行全面、快速的查询展示。交互类服务清单详见附表 2-7。

第 4 章

···

应用研发

    省级电网调控云应用采用"微服务、微应用"的开发模式，其核心理念在于将原本单一、庞大和复杂的应用和服务，拆分为一系列小型、独立的微应用和微服务单元，每个微服务和微应用单元都专注于执行明确定义的特定业务功能，从而显著提高了整个系统的可靠性、可扩展性和可维护性。微服务和微应用架构强调模块化、松耦合和独立性，这有助于应对不断变化的需求和技术挑战，为电网调控领域提供更加灵活、高效和可靠的解决方案。

    本章介绍了省级电网调控云应用的运行环境，以及对应的微服务、应用、界面、数据库访问、应用研发安全等应用标准化开发要求，用于指导各应用开发厂商应用规范开发。

4.1 运行环境要求

省级电网调控云应用及中间件运行环境要求如下：

（1）省级电网调控云平台提供 Linux 虚拟机及 K8S（容器编排引擎，Kubernetes）容器两种运行环境，应用和中间件可以根据需求选择其中一种部署方式进行应用系统部署。

（2）对于 Web 展示类应用，建议使用 Java 语言进行开发，而对于计算分析类应用建议使用 C/C++ 语言进行开发。

（3）对于 Java 工程，推荐使用 1.7 及以上 JDK（Java 语言的软件开发工具包，Java Development Kit）版本，使用 SpringBoot 框架 2.4 及以上版本进行开发。

（4）前端展示建议使用 Vue 前端框架进行界面绘制工作，禁止使用 Flex 插件及 Flash 插件。

（5）Web 展示中间件建议使用 Apache-Tomcat7.x 及以上版本进行 Web 容器搭建。

（6）Web 展示应支持所有 Chrome 内核浏览器，必须支持 Chrome60 及以上内核版本，页面应支持自适应，最佳分辨率为 1280×800 至 1920×1080。

（7）云端服务调用通过服务总线实现，其中服务总线基于 Dubbo 及 Zookeeper 二次封装实现。

（8）云端消息通信通过消息总线实现，其中消息总线基于 Kafka 二次封装实现。

4.2 微服务研发

4.2.1 服务部署要求

服务应部署在调控云服务总线上，该服务总线基于开源软件 Dubbo 项目，对 Dubbo 分布式服务框架做了两次开发封装。服务总线提供对各微服务的统一注册、发布、订阅、调用等功能；在部署服务时应首先在服务管理界面注册，并使用标准化的服务接口发布，严禁直接调用 Dubbo 原生接口；为避免服务调用过程中出现服务超时或长时间等待的情况，服务端必须提供服务调用超时时间设置；同一个服务应通过自动化方式部署在多个服务器上，以提高服务的容错率；一个微服务应支持独立更换、独立升级，不能影响其他服务的正常运行。

其中调控云服务总线的广域代理提供的服务接口，应实现 Process_Request 方法，以支撑广域服务访问；针对跨语言、跨平台的服务接口，应实现 Process_Request_For 方法，以支撑不同平台的 C/C++ 语言应用调用。服务接口之间的交互中，建议使用统一的 JSON 类库，例如 FastJSON。

4.2.2 服务名称命名

为了保证统一服务标识符的"可寻址性"和"可读性"，省级电网调控云服务名称采用路径变量来表达服务层次结构：

{Region}.{Compent}.{Version}.{Vendor}.{Service}

依次包含区域（Region）名称、组件名称（Compent）、服务版本（Version）、厂商（Vendor）名称、服务（Service）名称。

第一段 {Region} 表示调控云主导节点或者协同节点的名称。例如：国分主导节点 sg、省级协同节点（如浙江）zj 等。

第二段 {Compent} 对应于调控云中各层次功能，例如：Common 代表 PaaS 公共组件、PGMCP 表示模型数据云平台等，Compent 组件各层次功能列表见表 4-1。

表 4-1　　　　　　　　　　Compent 组件各层次功能列表

序号	组件代码	含义
1	Common	PaaS 公共组件
2	PGMCP	模型数据云平台

序号	组件代码	含义
3	ODCP	运行数据云平台
4	RtDCP	实时数据云平台
5	BDP	大数据平台
6	Local	源数据端

第三段 {Version} 表示服务版本号：如 v1.0、v2.0 等。

第四段 {Vendor} 表示服务厂商名称：如南瑞科技 Narit，南瑞信通 Narii 等。

第五段 {Service} 表示服务名称，采用大驼峰命名法，如模型服务 ModelService，Service 服务名称列表见表 4-2。

表 4-2 Service 服务名称列表

序号	服务大类	服务小类	服务英文名称	服务中文名称
1	平台类服务	MsgBus		消息总线
2		ServiceBus		服务总线
3		File		文件服务
4		DbService	RdbService	关系数据库服务
5			KVdbService	列式数据库服务
6			RtdbService	实时数据库服务
7	公共类服务		MPPdbService	MPP 数据库服务
8		Schedule		任务调度服务
9		Monitor		云监视服务
10		Alarm		告警服务
11		Log		日志服务
12		Auth		权限服务
13		Algorithm		大数据算法库服务

续表

序号	服务大类	服务小类	服务英文名称	服务中文名称
14		Meta		元数据服务
15		Dic		字典数据服务
16		Register		注册管理服务
17			ModelQuery	模型查询服务
18		ModelService	ModelVerify	模型校验服务
19			ModelStastic	模型统计服务
20		Graph		图形服务
21			FrequecyQuery	电网频率查询服务
22			VoltageQuery	电网电压查询服务
23		MeasureQuery	ActivePowerQuery	有功功率查询服务
24			ReactivePowerQuery	无功功率查询服务
25	数据类服务		CurrentQuery	电流查询服务
26			FrequecyStastic	频率统计服务
27			VoltageStastic	电压统计服务
28		MeasureStastic	ActivePowerStastic	有功功率统计服务
29			ReactivePowerStastic	无功功率统计服务
30			CurrentStastic	电流统计服务
31		EventQuery		电网事件查询服务
32		WAMSQuery		WAMS 数据查询服务
33		TmrQuery		电量数据查询服务
34		PlanQuery		计划预测查询服务
35		CaculateQuery		特征值查询服务
36		IndexTree		索引树服务
37	展示类服务	Comment		评价服务
38		Export		数据导出服务

续表

序号	服务大类	服务小类	服务英文名称	服务中文名称
39		CondQuery		条件检索服务
40		Help		帮助服务
41			OrgVisual	组织机构卡片服务
42			GridVisual	电网卡片服务
43			StationVisual	厂站卡片服务
44		ModelVisual	DevVisual	一次设备卡片服务
45	展示类服务		RelayVisual	保护设备卡片服务
46			AutoVisual	自动化设备卡片服务
47			EnvVisual	公共环境卡片服务
48			TimeScaleVisual	时标数据展示服务
49		MeasureVisual	ContourLineVisual	等高线展示服务
50			EventVisual	电网事件展示服务
51		Map		地图展示服务

4.2.3 服务编码要求

省级电网调控云应用采用微服务架构模式，将单一应用程序划分成一组小型服务，服务之间互相协调、互相配合，共同构建特定的业务功能。微服务的开发者可根据自身的业务特点选择合适的技术、工具及编程语言，并且拥有独立的运行环境。为保证不同厂商、应用、技术所开发的服务能够实现兼容性集成，服务开发与建设应遵循调控云的总体架构。这包括对服务的命名标识、接口、部署、测试、调用等方面的规范要求，在开放的研发生态环境下，这些规范要求能够确保应用高效、稳定和安全地运行。

1. 服务处理逻辑

在编写业务逻辑时，省级电网调控云服务开发应遵循以下规则：

（1）业务逻辑代码不应编写在 Controller 和 DAO（数据存取对象，data

access objects）中。

（2）基础参数校验在数据传输对象（data transfer object，DTO）中定义，然后在 Controller 参数注入时进行自动校验。

（3）避免不必要的 Service 层接口声明，如果一个 Service 只有一个实现方法就不需要单独抽象为接口。

（4）在日志输出方面，INFO 及以上级别的日志禁止输出大对象，但必须打印输出关键参数。日志输出参数应使用"{}"占位符而不是用"+"字符串拼接。

（5）每个服务方法体应保持职责单一，减少嵌套层数，一个方法体代码行数不应超过 100 行。

（6）禁止在 Service 层通过动态拼接 SQL 字符串方式执行数据库查询操作，应使用 JPA（Java 持久层 API，Java Persistence API）的 Criteria API 完成数据库查询操作。

（7）禁止魔法数字，应尽量使用枚举类型替代静态常量。禁止使用类似 Constants 的全局常量类，领域对象相关的常量在对象实体类中定义，与业务逻辑相关的常量在对应的 Service 中定义。

2. 接口编码要求

为了方便服务管理及使用，省级电网调控云服务接口的命名和参数返回应遵循以下规则：

（1）应采用 RESTful API 接口设计；URL（统一资源定位符，Uniform Resource Locator）中不应包含动词，如 Get，Add，Create 等；而应尽量包含资源的唯一标识；

（2）应将返回参数分成功和失败等不同类型的数据格式；

（3）成功的响应应返回 Http Status 200，不应该在参数中包含 Message_ Code，Message 等流程控制信息，而应直接返回与业务逻辑相关的对象；

（4）在业务逻辑调用失败的情况下，应返回 Http Status 400，并包含不同的失败提示信息和失败代码。

服务发布者应向服务调用者提供服务接口说明文档，其中应包括以下信息以便于服务调用者了解某一服务的功能及调用方法：

（1）服务接口名称：描述服务请求的方法名称，用于指示服务端在接收请求后执行相应的操作。服务接口名称应采用小驼峰命名法。

（2）服务方法名称：说明服务实现的接口方法名称，指明服务所提供的具体功能。

（3）数字签名（可选）：描述客户端的数字签名，数字签名具有时效性，应随服务请求一起发送到服务端，用于服务端进行认证、鉴权和审计。建议使用 Access Key/Secret Key 机制来验证请求的发送者身份。

调控云中的核心服务，例如：元数据服务、字典数据服务，须在服务接口中包含数字签名参数，其他服务不作规定，具体参考表 4-3。

表 4-3   公共参数

序号	参数名称	参数含义
1	accessKeyID	颁发给用户的访问服务所用的 ID
2	signature	签名后结果串
3	signatureMethod	签名算法，采用 HMAC-SHA1
4	timestamp	请求的时间戳
5	expirationInSeconds	服务请求过期时间

（1）服务请求参数：明确定义了服务请求需要的参数，包括参数名称、数据类型、默认值、取值范围、参数描述等信息。

（2）服务返回值：包含了服务端处理请求后返回的结果数据，包含了一个状态码、一条结果描述消息以及业务数据。需要详细描述服务返回值的数据结构、数据类型等信息。对于成功的响应，返回具体资源的数据。对于失败的响应，响应体一般包含描述错误信息的消息。

2xx：表明请求成功，200 表示成功的返回码。

3xx：表明服务寻址失败，服务已变更地址或服务不存在。

4xx：表明请求失败，引起失败的根源在于客户端的错误。由于客户端的请求参数非法，或没有权限执行请求的操作，随着服务响应返回的响应体中包含一个 JSON 描述消息，说明失败的具体原因。

5xx：表明请求失败，引起失败的原因在于服务端的错误。在这些情况下，返回值一般没有说明失败原因的消息，用户可以在等待一段时间后重新发送请求。

3. 异常处理要求

为了提升服务稳定性并方便问题排查，省级电网调控云服务中的异常处理应遵循以下原则：

（1）如果没有业务逻辑处理异常的必要，应避免捕获异常。Service 层不应仅为了打印日志而使用不必要的 Try–Catch 块。

（2）在线程边界（如线程的 run 方法）必须捕获异常并输出日志。异常日志输出应包含堆栈信息，并打印关键参数，以便进行问题排查。

（3）使用 ControllerAdvice 拦截所有异常，进行 Http 状态的转换，同时将异常信息转换为失败提示信息和失败代码，以便向客户端提供更有意义的错误信息。

（4）如果使用异步线程或自建线程池，必须在线程的入口处捕获所有异常，并进行日志记录，以确保异常不会被忽略而导致服务不稳定。

4.2.4　服务程序实现

1. 服务端程序实现

省级电网调控云应用的微服务通过 ServiceProvider 接口调用实现服务端的初始化、注册、发布等操作。

（1）服务端初始化。针对一个服务发布首先需要对服务端进行初始化操作，接口原型如下：

```
boolean ServiceProviderInit(String applicationName,int port)
boolean ServiceProviderInit(String addressStr,String applicationName,int port)
```

服务端初始化参数见表 4–4。

表 4-4   服务端初始化参数

参数	类型	参数说明	必选	默认值
applicationName	String	服务名	yes	无
address	String	zookeeper 地址	no	无
port	int	暴露的端口号	yes	无

（2）注册服务代码。此操作主要功能是服务提供者将服务实例注册到内部服务总线上，接口原型如下：

```
boolean registerService(String interfaceName,String implName);
boolean registerService(String interfaceName,String implName,
String version);
boolean registerService(String interfaceName,String implName,
int timeout);
boolean registerService(String interfaceName,String implName,
int timeout,String version);
```

注册服务输入参数要求见表 4-5，返回值为 Boolean 类型，成功用 true 表示，失败用 false 表示。

表 4-5   注册服务输入参数

参数	类型	参数说明	必选	默认值
interfaceName	String	服务接口的全路径	yes	无
implName	String	服务实现类的全路径	yes	无
version	String	服务版本号	no	无
timeout	int	超时时间（ms）	no	1000ms

（3）发布服务代码。此操作主要功能是将服务实现代码发布成一个服务

实例，供应用程序调用该服务实例，接口原型为

```
boolean publishService(),
```

发布服务输入参数要求见表 4-6，返回值为 Boolean 类型，成功用 true 表示，失败用 false 表示。

表 4-6　　　　　　　　　　　　　　发布服务输入参数

参数	类型	参数说明	必选	默认值
ServiceID	USI	服务标识符	yes	无

2. 客户端程序实现

省级电网调控云应用的微服务通过 ServiceConsumer 接口实现客户端的初始化、订阅、获取服务等功能。

（1）客户端初始化。服务订阅方使用服务时需对微服务客户端进行初始化操作，接口原型如下：

```
boolean CloudPlatformServiceConsumerInit(String applicationName)
boolean CloudPlatformServiceConsumerInit(String zkIP,String applicationName)
```

客户端初始化参数见表 4-7。

表 4-7　　　　　　　　　　　　　　客户端初始化参数

参数	类型	参数说明	必选	默认值
applicationName	String	服务名	yes	无
zkIP	String	zookeeper 地址	no	无

（2）订阅服务。订阅服务是为服务客户端从内部服务总线上订阅指定的服务，使用服务接口全路径等参数调用 subscribeService 方法，完成对服务的订阅操作，接口原型如下：

```
boolean subscribeService(String interfaceName);
boolean subscribeService(String interfaceName,String version);
```

订阅服务输入参数要求见表 4-8，返回值为 Boolean 类型，成功用 true 表示，失败用 false 表示。

表 4-8　　　　　　　　　　订阅服务输入参数

参数	类型	参数说明	必选	默认值
interfaceName	String	服务接口的全路径	yes	无
version	String	服务版本号	no	无

（3）获取服务。获取服务需要调用 serviceLocate 方法获取调用的服务实例，接口原型如下：

```
Object serviceLocate(String interfaceName);
```

获取服务输入参数要求见表 4-9，返回值为 Boolean 类型，成功用 true 表示，失败用 false 表示。

表 4-9　　　　　　　　　　获取服务输入参数

参数	类型	参数说明	必选	默认值
interfaceName	String	服务接口的全路径	yes	无

4.2.5　服务注册发布

省级电网调控云服务发布前需要在总线管理页面上进行服务注册，注册是需要准备接口包及接口文档，接口包需要使用1.7版本的JDK进行打包，打包时只需选择接口类即可，接口文档需要描述服务名称、服务方法、入参、出参、使用示例等。在调控云上注册服务，需通过服务注册管理界面中，如图4-1所示，选择要注册的服务类型，填写服务英文名即接口全路径、服务中文名，上传接口JAR包点击提交即可完成服务注册。

图4-1　服务注册管理界面

4.3　云上应用研发

　　省级电网调控云的应用须遵守开发规范，包括用户权限认证集成、应用监视管控集成等必须集成内容，在非结构文件存储、服务调用规范、消息传输规范等方面也应遵循相关规定要求，以下为应用上云开发规范详细说明。

4.3.1　身份认证集成

　　省级电网调控云身份认证遵循JWT（JSON Web Token）认证协议规范要求，JWT是一种用于身份验证和授权的开放标准，它使用数字签名或加密来验证身份验证信息的完整性和真实性。

JWT 认证的工作原理如下：

（1）用户登录：当用户成功登录系统时，服务器会生成一个包含用户身份信息和其他必要的数据的 JWT 令牌。

（2）令牌生成：服务器使用特定的密钥对用户信息进行签名，然后将令牌发送给客户端。

（3）令牌传输：客户端通常将 JWT 令牌存储在本地，例如在浏览器的本地存储或 Cookie 中。

（4）请求时验证：当客户端需要访问受保护的资源时，它将 JWT 令牌包含在请求的头部或请求参数中。

（5）服务器验证：服务器接收请求后，会解码 JWT 令牌并验证签名以确保令牌的完整性和真实性。如果验证成功，服务器可以信任令牌中包含的用户信息，允许或拒绝访问受保护的资源。

省级电网调控云应用框架对 Java 工程提供了 Token 解析集成、直接集成两种模式，对于其他非 Java 语言工具提供了 HTTP 集成模式，下面就以上三种集成模式进行详细说明，应用可根据实际情况进行使用。

1. 解析集成模式

解析集成模式是通过应用框架提供的 JWT Token 解析工具类从 HttpRequest 中解析并获取当前登录用户信息。为了降低应用身份认证接入的难度，调控云服务网关默认集成了 Token 生成和认证的功能，应用无需关注 JWT 认证协议的具体技术细节和认证流程。对于失效的用户会话请求，调控云服务网关会执行请求拦截并重定向到系统登录界面进行重新登录。

省级电网调控云用户权限认证服务提供账号密码、人脸、指纹、声纹多种认证方式。由于浏览器的安全要求，使用人脸、声纹这些认证时必须使用 HTTPS（以安全为目标的 HTTP 通道，Hypertext Transfer Protocol Secure）协议进行访问。

（1）通过网关获取用户信息。应用获取用户信息时调用 GateWayUtil 工具类的 getUserByToken 方法解析 HttpRequest 中的用户信息。

```
/**
* 直接解析 Token
* 每次需要获取用户信息的时候调用 Util 解析 Request 中的 Token
*
*@paramrequest
*@return
*/
@GetMapping(value="/test/getUserInfoByToken")
public String get UserInfoByToken(HttpServletRequest request){
    Map map = GateWayUtil.getUserByToken(request);
    String s = "userid:"+map.get("userid")+"----userName:"+map.
get("userName")+";
    System.out.println(s);
    return s;
}
```

（2）通过网关访问应用。应通过网关 [http：// 网关 ip：网关 port/ 注册的
应用名] 对应用进行访问，未进行登录验证的请求会被拦截到单点登录界面，
此时可以使用账号、人脸或声纹登陆，登录成功后跳转到应用首页。应用应
通过解析请求头获取登录的用户信息。

例如：[http:// 网关 ip: 网关 port/dcloud-gateway-test]

注：必须通过网关端口对应用进行访问，同时在请求头中携带了 Token，
才可以解析出用户信息。

2. 直接集成模式

直接集成模式是将省级电网调控云权限认证集成能力集成在应用本体中，
以实现省级电网调控云用户权限统一认证。将单点登录必需的 Maven 依赖库
合并到自己使用的本地 Maven 库中，并在 Pom 文件中引入相关 JAR 包依赖。

Pom 配置文件示例：

```xml
<dependencies>
<dependency>
    <groupId>org.springframework.boot</groupId>
    <artifactId>spring-boot-starter-web</artifactId>
</dependency>
<!-- 调控云权限 必须 -->
<dependency>
    <groupId>com.nariit.dcloud</groupId>
    <artifactId>dcloud-ua-base-ms</artifactId>
    <version>${app.version}</version>
</dependency>
<!--eureka 客户端 必须 -->
<dependency>
<groupId>org.springframework.cloud</groupId>
<artifactId>spring-cloud-starter-netflix-eureka-client
</artifactId>
</dependency>
<!-- 共享调控云 redis 会话 必须 -->
<dependency>
    <groupId>org.springframework.boot</groupId>
    <artifactId>spring-boot-starter-data-redis</artifactId>
</dependency>
<dependency>
    <groupId>org.springframework.session</groupId>
    <artifactId>spring-session-data-redis</artifactId>
</dependency>
</dependencies>
```

完成 pom 配置引入相关 JAR 包依赖之后在 yml 配置文件中配置 eureaka

注册中心及 ua 认证配置信息：

```
eureka:
instance:
prefer-ip-address:true
leaseRenewalIntervalInSeconds:5
leaseExpirationDurationInSeconds:15
hostname:${spring.cloud.client.ip-address}
instance-id:${spring.cloud.client.ip-address}:${spring.application.name}:
${server.port}
appGroupName: 开发厂商
client:
enabled:false
service-url:defaultZone:http:// 网关 ip: 网关 port/eureka/
spring:
application:
#eureka 注册名称，与应用名一致
name:demo
jackson:
date-format:yyyy-MM-dd HH:mm:ss
time-zone:GMT+8
main:
allow-bean-definition-overriding:true
session:
#本地会话改成 NONE 即可，共享 redis 会话配置为与 sso 一致的
REDIS
storeType:REDIS
```

```
    redis:
    host: 网关 ip
    port: 网关 port
    # 链接超时时间（毫秒）
    timeout:60000
    ua:
    # 用户认证模式（默认使用用户名认证）:1.username（用户名）;
    #2.fullname（用户姓名）
      authName:username
      appID:6eeba62d4f8611e983cf5254004b065a
      loginMode:parallel # 登录策略 (kickout/single/parallel)
      maxSession:0
      #sso(DCLoud 单点登录)
      authMode:sso
    sso:
      ssoServer:http:// 网关 ip: 网关 port/dcloud-ua-sso
    auth:
    # 是否启用登录认证和权限校验
    enabled:true
    loginURL:
    successURL:/
    unauthURL:
    #url 权限校验拦截器，采用短路拦截规则，优先级 :annoAutzPath-
>annoAutzPath->urlAutzPath
    # 匿名认证拦截器
    annoAutzPath:
    - /hessian/**
    # 登录认证拦截器
    loginAutzPath:
```

```
-/**
# 菜单 URL 和功能认下拦截器
urlAutzPath:
#-/**
```

配置完成后，即完成了直接集成单点登录的全部步骤。此时，如果用户在未登录的状态下直接访问应用，将会被拦截并跳转至统一的登录页面。

```
String user_id=HttpSessionManager.getAttribute(request,HttpSession
Manager.USER_ID_KEY)!=null?HttpSessionManager.getAttribute(request,
HttpSessionManager.USER_ID_KEY).toString():null;
    String user_name = HttpSessionManager.getAttribute(
request,HttpSessionManager.AUTH_USER_KEY)!=null?HttpSessionManager.
getAttribute(request，HttpSessionManager.AUTH_USER_KEY).toString():null;
```

3. HTTP 集成模式

HTTP 集成模式适合 Java 和非 Java 任何语言的应用程序身份认证，对于任何客户端程序均可使用下述方法进行用户身份认证信息的验证，当使用 HTTP 集成模式时，需要应用开发单位自行实现请求拦截器，同时实现与省级电网电控云认证服务的接入工作。

（1）第三方系统编写拦截器，若系统未登录，则跳转到单点登录（single sign on，SSO）系统。

（2）跳转到 SSO 系统后，输入用户名和密码进行登录，当登录成功，跳转回第三方应用地址，并携带 Token 用户认证信息。

（3）第三方系统获取到 Token 后，发送 Rest 请求获取以登录用户信息。

注一：如果是调控云登录后，再通过链接登录其他系统，则拦截器拦截后直接获取 Token 然后到第三步验证即可。

注二：Token 票据只能验证一次，验证后即失效，如果需要再次登录需要重复前 2 步获取票据。

4.3.2 服务调用集成

省级电网调控云鼓励开发者使用云上服务并提供新的服务能力至调控云上，应用开发者应遵循服务调用的统一规范，具体要求如下：

（1）对于服务发布方，在发布服务前需要在总线管理页面上进行注册。注册时需要按照服务规范填写服务名、服务接口描述、服务接口 JAR 包等信息后，然后方可启动程序完成总线注册。

（2）对于服务发布方，服务接口定义必须遵循服务规范，以确保不同应用厂商发布的服务接口具有一致性，服务调用者无需进行适配即可调用不同厂商的服务，需要遵守规范的服务清单包括但不限于表 4-10 所示内容。

表 4-10　　　　　　　　　　服务调用规范清单

序号	服务名称	服务用途
1	dcloud.common.FileService	文件服务
2	dcloud.common.VoicePlay	语言服务
3	dcloud.common.Alarm	告警服务
4	dcloud.common.Search	智能搜索服务
5	dcloud.common.Efile	E 文件服务
6	dcloud.common.Message	即时通信服务

（3）对于服务发布方，应同时提供服务调用手册、服务接口描述文档、服务调用示例 demo 及在线化服务查询和验证方式。

（4）云上服务发布应基于调控云内部服务总线，云上服务与外部应用或平台的通信应基于广域服务代理实现，禁止使用广域服务总线并通过广域服务总线调用服务。

（5）任何云上服务严禁使用原生 Dubbo 接口调用系统内的服务，避免在服务调用过程脱离平台管控导致数据泄密、业务泄漏等严重后果。

4.3.3 消息传输集成

省级电网调控云提供消息订阅及发布能力，鼓励开发者使用云上消息总线并提供消息至调控云上，应用应遵循消息传输规范，以下为具体要求：

（1）消息调用基于调控云消息总线（广域消息总线、内部消息总线）。

（2）消息生产者必须在消息管理界面创建主题、创建生产者、关联生产者主题等操作后才能使用消息总线接口发送消息。

（3）消息接收者必须在消息管理界面创建消费者、关联消费主题等操作后才能使用消息接口接收消息。

（4）消息调用应严格按照规范的消息调用方式，严禁自定义消息发送及接收方式。

（5）严禁使用原生 Kafka 接口调用系统内的服务，导致脱离平台管控。

以下为使用省级电网调控云消息服务进行消息发送的具体示例：

```
CloudPlatformMsgProducer producer=new CloudPlatformMsgProducer();
producer.init();
CloudBusMessage msg=new CloudBusMessage();
msg.setKey(key);
msg.setTopic(topic);
msg.setData(value);
producer.send(msg);
```

使用消息服务发送消息：

```
CloundPlatformMsgConsumer consumer=new CloudPlatformMsgConsumer();
CloudBusMessage msg;
consumer.init(groupID);
consumer.subscribe(topic);
```

```
while(true)
{
msg=consumer.recv(topic，2000);
if(msg!=null){
System.out.println(" 消费到数据 ");
msg.print();
try{
Class<?>clazz=Class.forName(className);
Method method =clazz.getMethod(methodStr,byte[].class,String.class);
method.invoke(clazz.newInstance(),msg.getData();msg.getKey());
}catch(Exceptione){
System.out.println(" 方法反射失败 ");
e.printStackTrace();
}
}
```

4.3.4 日志监视集成

省级电网调控云应用系统日志格式存在较大差异，发生故障时难以快速定位到问题的根源。为解决这一问题，需要建立统一的日志监视平台，实现各应用日志的统一查看与分析。该平台规范各应用日志获取方式，通过传输控制协议（transmission control protocol，TCP）/IP 协议将各应用日志信息传输到指定服务器，以实现日志的统一解析、存储和分析。日志信息应以 Web 页面搜索查询的形式展示不同应用的日志信息，以支撑各业务应用的监视与问题快速定位。

1. 应用监视管理

调控云全局资源监控对象包括 IaaS 层的服务器、虚拟机、负载均衡、磁盘阵列等硬件设备，PaaS 层的数据库、总线服务、Redis 服务等中间件，SaaS 层等应用。监控服务通过定期发送心跳到消息总线，监控平台接收并处理心跳信息，实现 Web 应用监视、后台程序监视、系统存活告警等功能。

（1）Web 应用监视，目前支持 Tomcat、Nginx、Apache 等容器免代码监控，提供应用接口，应用访问地址等信息给到调控云管理团队即可实现 Web 应用监控。

（2）后台程序监视，接入方式同日志管理，通过嵌入的方式实现，添加 JAR 包到 Lib 目录或者 Pom 中，以实现后台程序运行情况监控。

（3）系统存活告警，集成监控 JAR 包后，应用会每分钟发送心跳到消息总线，告知监控平台本应用运行情况。

2. 系统日志采集

省级电网调控云应用应具备自动日志记录、上载功能，可实现自动记录 Controller、定时器执行记录、异常记录并推送至 Kafka 消息服务器，以供日志服务中心统一汇总分析。

（1）将日志依赖包放置在工程中，重新编译后即可生效；

（2）对于应用订阅过的类或方法，只要方法被调用，即会被监听并记录日志

（3）应用默认会自动订阅存在以下注解的类及方法：

```
@Controller
org.springframework.stereotype.Controller
@RestController
org.springframework.web.bind.annotation.RestController
@Scheduled
org.springframework.scheduling.annotation.Scheduled
```

（4）如应用需新增订阅类或方法，可以使用 @HyLog 注解方式修饰类或方法，或继承 IHyLog 接口，代码示例如下：

例1：使用 @HyLog 注解方式修饰类

```
@HyLog
@Component
public class DemoClass{
  public String test(){
    System.out.println("test method is invoke.");
    return "invoke success";
  }
}
```

例2：使用 @HyLog 注解方式具体方法

```
@Component
public class DemoClass{
  @HyLog
public String test(){
    System.out.println("test method is invoke.");
    return "invoke success";
  }
}
```

例3：继承 IHyLog 接口

```
@Component
public class DemoClass implements IHyLog{
  public String test(){
    System.out.println("test method is invoke.");
    return "invoke success";
  }
}
```

（5）如应用需取消某类或方法的监听，可以使用 @HyNoLog 注解方式修饰，示例代码如下：

```
@Component
public class DemoClass implements IHyLog{
    @HyNoLog
    public String test(){
        System.out.println("test method is invoke.");
        return "invoke success";
    }
}
```

（6）应用基于 Spring，所有未经 Spring 管理的类及方法都不会被 Spring AOP 拦截，如例 1 不会被拦截，而例 2 可正常被拦截：

```
例 1：未经 Spring 管理的类及方法都不会被监听
DemoClass demo = new DemoClass();
demo.method();
例 2：经 Spring 管理的类及方法会被拦截
@Autowired
DemoClass demo;
demo.method();
```

3. 程序集成部署

（1）Spring Boot2.x（Spring5.x ）部署。对于 Spring Boot2.X 工程，需要进行以下操作以实现监控程序部署集成，通过 maven 引入日志监控服务，示例配置如下：

```
<dependency>
<groupID>com.huayun</groupID>
    <artifactID>log-library</artifactID>
</dependency>
```

引入服务后，根据 IDE 提示下载 maven 仓库中未具备的包。

（2）Spring4.x 部署。对于 Spring 4.X 工程，需要进行以下操作以实现监控程序部署集成，需将 Log 日志包及 Kafka 服务包放置在 WebRoot\Web–INF\lib 目录下，打开 /src/applicaitonContext.xml 文件，示例配置信息如下：

```xml
<?xml version="1.0" encoding="UTF–8"?>
<beans
xmlns="http://www.springframework.org/schema/beans"
xmlns:aop="http://www.springframework.org/schema/aop"
xsi:schemaLocation="
http://www.springframework.org/schema/aop
http://www.springframework.org/schema/aop/spring–aop–4.0.xsd">
<aop:aspectj–autoproxy proxy–target–class="true" />
</beans>
```

对于使用 Quartz 框架的工程，还需在 /src/quartz.xml 文件 Scheduler FactoryBean 中配置 schedulerFactoryClass 属性，示例配置如下：

```xml
<?xml version="1.0" encoding="UTF–8"?>
<beans>
<!-- 启动定时任务的调度器，注意不要配置多个 SchedulerFactoryBean -->
<bean id="schedulerFactoryBean" class="org.springframework.scheduling.quartz.SchedulerFactoryBean">
    <property name="schedulerFactoryClass" value="com.huayun.log.factorys.LogSchedulerFactory">
    </property>
</bean>
</beans>
```

4.4 应用界面研发

4.4.1 界面设计原则

省级电网调控云界面应遵循调控云界面设计基本原则，通过图形、色彩、文字、排版、动画等形式渲染形成优质、可读的应用界面，以达到高效传达信息、提升应用品质等目的。调控云界面设计基本原则如下：

（1）对齐原则。通过将多个元素在页面上对齐以达到整体平衡、清晰、有序的效果。对齐可以是左对齐、右对齐、居中对齐等方式，使页面整洁、统一，提升阅读体验。

（2）对比原则。通过颜色、形状、大小等方式，使不同元素之间产生对比，以突出重点、增强信息的可读性。通过对比凸显重要信息，达到更高效的信息传递。

（3）重复原则。通过在设计中反复使用相同的元素，使不同页面之间产生联系，以达到统一性和连贯性，提高模块辨识度。

（4）色彩原则。通过使用规范统一的颜色集合传递信息，引导用户视线等，增强设计和感染力和吸引力。

（5）空间原则。通过合理利用页面空间，调整元素间距，达到视觉平衡和美感，使页面整体舒适、整洁。

（6）简洁原则。通过设计中尽可能地减少不必要的元素和信息，以达到简洁明了、清晰易懂的效果。简洁的设计可以让用户更高效地提取信息，提高信息传递效率。

（7）层次原则。通过大小、颜色、字体、图片等方式，使不同元素之间产生层次感，以突出重点、提高信息的可读性。通过层次设计，可以让用户更清晰地理解信息，达到更好的信息传递效果。

4.4.2 界面设计规范

省级电网调控云应用界面设计应满足易用性、规范性和合理性要求。

（1）易用性要求如下

1）选项数少时使用选项框，相反使用下拉列表框。

2）界面空间较小时使用下拉框而不用选项框。

3）单选框和复选框按选择概率的高低而先后排列。

4）单选框和复选框要有默认选项，并支持 Tab 选择。

5）同一功能或任务的元素放在集中位置，减少鼠标移动的距离。

6）按功能将界面划分局域块，用 Frame 框括起来，要有功能说明或标题。

7）尽可能在一个界面完成大部分功能，不要存在频繁的页面切换。

8）界面上首先应输入的和重要信息的控件在 Tab 顺序中应当靠前，位置也应放在窗口比较醒目的位置。

9）Tab 键的顺序与控件排列顺序要一致，目前流行总体从上到下，行间从左到右的方式。

10）同一界面上的控件数最好不要超过 10 个，多于 10 个时可以考虑使用分页界面显示。

11）可输入控件检测到非法输入后应给出说明并能自动获得焦点。

12）专业性强的软件要使用相关的专业术语，通用性界面则提倡使用通用性字眼。

（2）规范性要求如下

1）统一的界面元素、众所周知的图标、标准的文本样式和统一的术语来实现熟悉的标准和范例。

2）相同或相近功能的菜单用横线隔开放在同一位置。

3）菜单前的图标能直观地表示要完成的操作。

4）菜单深度一般要求最多控制在三层以内。

5）工具栏中的每一个按钮最好有提示信息。

6）一条工具栏的长度最长不能超出屏幕宽度。

7）滚动条的长度要根据显示信息的长度或宽度及时变换，以利于用户了解显示信息的位置和百分比。

（3）合理性要求如下

1）运行过程中出现问题而引起异常的地方需要有提示，让用户明白异常出处，同时针对等待时间超过 5s 的页面，需提示"页面加载中，请稍后"等提示字眼，避免形成无限期的等待。

2）父窗体或主窗体的中心位置应该在对角线焦点附近，子窗体位置应该在主窗体的左上角或正中，多个子窗体弹出时应该依次向右下方偏移，以显示出窗体标题为宜。

3）重要的命令按钮与使用较频繁的按钮要放在界面的注目位置。

4）对可能造成数据无法恢复的操作必须提供确认信息，给用户放弃选择的机会。

5）非法的输入或操作应有足够的提示说明。

省级电网调控云应用界面的设计应力求简洁明了，布局明确，交互合理，协调统一；功能应表现清楚，分类清晰有条理，避免过多的控件嵌套导致的视角混乱；单一功能的操作目的明确，避免不必要的信息显示对用户造成视觉干扰；交互操作合理，简单的功能一步完成，比较复杂的功能三步之内完成，过于复杂的交互操作使用向导来辅助用户完成。

4.4.3　界面实施细则

1. 整体界面样式

省级电网调控云应用在界面设计前，要对界面进行风格定位，让界面的整体风格符合视觉流程，符合省级电网调控云特定的应用偏好。整体界面样式主要包括分辨率选择、整体颜色及字体的设置。

（1）分辨率。不同浏览器、不同分辨率下网页第一屏最大可视区域可参考表 4-11。

表 4-11　　　　　　　　　　　不同版本最大可视区域表

屏幕	有效可视区域（px）					
	一		二		三	
	1024	768	1366	768	1366	1024
IE6.0	1003（+21）	600（+168）	1345（+21）	600（+168）	1259（+21）	856（+168）

续表

屏幕	有效可视区域（px）					
	一		二		三	
	1024	768	1366	768	1366	1024
IE7.0	1003（+21）	620（+148）	1345（+21）	620（+148）	1259（+21）	876（+148）
IE8.0	1003（+21）	613（+155）	1345（+21）	613（+155）	1259（+21）	846（+178）
Firefox2.0	1007（+17）	585（+183）	1349（+17）	585（+183）	1263（+17）	841（+183）
Opera9.0	1005（+19）	629（+139）	1347（+19）	629（+139）	1261（+19）	885（+139）
Google6.0	1005（+19）	629（+139）	1347（+19）	629（+139）	1261（+19）	885（+139）

注 比如 1024×768 下 Google6.0 的可视面积是（1024−19）×（768−139）。

综合上面所有的数据，结论如下：

保守使用的一屏大小是 Google 下 1024×768，可视区域为 1005×629。

广泛使用的一屏大小是 Google 下 1366×768，可视区域为 1347×629。

（2）颜色。各个页面必须使用统一的颜色设置，以清爽简洁为准。如不是为了显示真实感的图形和图像，应当限制屏幕的色彩数目，根据对象的重要性来选择颜色，重要的对象应用醒目的颜色表示。在表达信息时，不要过度依赖颜色，对于例如色盲或色弱等特殊需求的用户，可考虑是否加图标等提示。一些基本的颜色规则如下：

1）界面配色要有对比，在浅色背景上使用深色文字，深色背景上使用浅色文字。

2）同一页面，不宜采用 3 种以上颜色等。

3）明亮的纯色（如大红、大绿、黄、紫色等）小范围使用。

4）链接应该有三种颜色：未点击、点击中、点击后。

国网绿的印刷色为：C100 M5 Y50 K40，对应的 RGB（red green blue，代表红、绿、蓝三个通道的颜色）色值为：#006F68；VI手册规定的辅助色彩为：#00A88E、#B7E2E3、#D7D6CC、#5DC4B8、#C41039、#FAA61A、#9A8348、#8E8E91。

应用采用的主体颜色为国网绿（#006666）和深灰色（#333333），辅助色为橙色（#FF6600）、绿色（#00CC00）、深红色（#CC0000），不同程度的灰色和白色（#FFFFFF），字体颜色设计参考表 4-12，常用区块颜色设计参考表 4-13。

表 4-12　　　　　　　　　　　字体颜色参考值

类别	场合	描述	正常状态	鼠标滑过	效果
一级黑	标题、正文	黑 - 红	#333333	#CC0000	演示文字
二级黑	引导、说明	黑 - 红	#666666	#CC0000	演示文字
三级黑	标注、注释（用户名）	灰 - 橙	#999999	#FF6600	演示文字
四级黑	弱化（表单默认字）	灰 - 黑	#CCCCCC	#666666	演示文字
一级绿	突出可点击链接	绿 - 橙	#006666	#FF6600	演示文字
橙色	强化重要信息	橙 - 黑	#FF6600	#333333	演示文字
绿色	说明信息	绿 - 黑	#00CC00	#333333	演示文字
白色	深色背景上反色使用	白 - 白	#FFFFFF	#FFFFFF	#FFFFFF

表 4-13　　　　　　　　　　　常用区块颜色参考值

类别	属性	边线色	填充色	文字色	效果
灰边框 1	表单边框	#CCCCCC	#FFFFFF	#333333	演示文字
灰边框 2	表格边框	#CCCCCC	TH：#d5EEEd TD1：#FFFFFF TD2：#F4F4F4 Selected：#fcf1ca	#333333	演示文字 演示文字 演示文字 演示文字
黄边框	信息提示、注意	#EDDDAB	#FFFCE9	#CC9900	演示文字
红边框	警告、出错	#FF9999	#FFEAEA	#FF3333	演示文字

（3）字体。使用统一字体，中文建议使用标准字体"宋体"，英文采用

Arial，必要的地方用到的特殊字体做成图片形式，以保证不同终端用户使用时显示效果正常。字体大小建议使用 12 号和 14 号的混合搭配，避免大面积使用加粗字体，见表 4-14。

表 4-14　　　　　　　　　　　　中文字体设计

场合	字号	效果
功能点、工具、说明、注释（中文最小字）	12px	用户体验
导读、正文	14px	用户体验
突出、醒目	12px/Bold	用户体验
重点、标题	14px/Bold	用户体验
大标题	20px/Bold	用户体验

英文字体从 9px 开始可清晰显示，选择空间较大。其中 10、11、12、13px 等都是常见的字体大小，见表 4-15。

表 4-15　　　　　　　　　　　　英文字体设计

场合	字号	效果
功能点、工具、说明、注释（英文最小字）	10px	User experience
功能点、工具、说明、注释	12px	User experience
导读、正文	14px	User experience
突出、醒目	10px/Bold	User experience
重点、标题	12px/Bold	User experience
大标题	14px/Bold	User experience

2. 界面布局

界面布局是界面设计的重要工作之一，布局就是在规定的界面范围内考虑如何布置这些控件以获得易观看、易输入、易查阅等操作的最佳效果。

（1）版块布局设计规范。省级电网调控云应用版块的排版在视觉上尽量应符合纵向分割，横向模块间距统一，纵向可根据页面需要适当有区分。应自适应 1024×768 分辨率及各种宽屏分辨率，默认窗口设置下，不应出现水平滚动条，版块布局如图 4-2 所示。

图 4-2　版块布局

版块之间留白间距统一为 5 的倍数，10px 为最佳，最大不能超过 25px，上下相关联时可以缩减 50% 作为间距。内容间距不能大于区块间距，区块间距如图 4-3 所示。

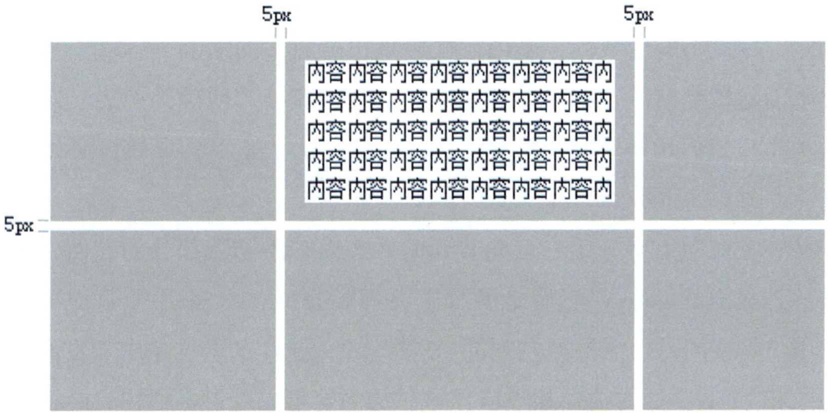

图 4-3　版块间距布局

页面左右居中，中文段落必须有 2 个汉字的缩进，字间距采用默认大小，行间距一般为所用字体的 1.5 倍。12px 文字例行间 16~20px 之间的偶数，18px 为最佳；14px 文字行间距 20~24px 之间的偶数，22px 为最佳。无论是文字、图片、表格、框架均需对齐，保持在同一水平线上或一纵线上。可利用坐标数值和参考线定位。页面文字布局如图 4-4 所示。

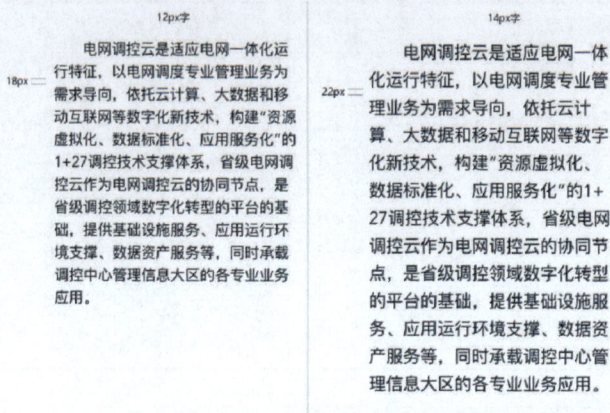

图 4-4 页面文字布局

（2）页面布局设计规范。省级电网调控云应用页面布局的设计，首先需要考虑用户在浏览页面时视觉流向上的要求，标准页面布局应该采用上下或者左右布局方式，禁止以不规则的方式进行布局，导航区应该放置在上方或者左侧，尽量小的区域内，主内容区应该占据页面的大部分区域。可以允许用户手动隐藏导航区，如果允许隐藏导航区，应该用明确的标志、图形、文字提示用户如何切换隐藏 / 显示状态，并且默认状态下，导航区必须为显示状态，如图 4-5 所示。

从视觉流向上看，用户首先看到的是页面"Head"部分的左面，通常那里是标识页面的 Logo；然后是展示主要功能的"Nav"来用于页面导航；接下来用户将看的是处于页面左侧的"Sidebar"，通常这里也是用于页面功能导航的，和"Nav"处的选择相呼应，这里的内容可以通过类似树状结构的方式展示更为详细的功能；接下来是处于页面中心位置的内容部分，这里是主要的业务操作区域，所以尽可能地放大空间。

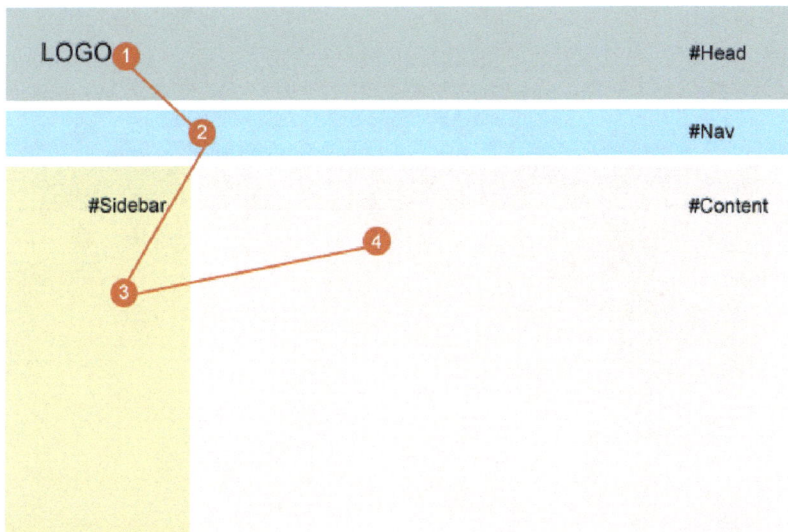

图 4-5　主内容区布局

在页面布局中，对各个功能区域的切分是按照"像素"和"比例"方式来进行的，以 1366×768 的分辨率为例，其中：

1）Head 区域，宽度是按照 100% 比例方式设置的，高度采用固定像素值来确定的，一般占 78px。

2）Nav 区域和 head 的配置要求是一样的，宽度按照 100% 设置，高度一般占 38px，用于页面导航。

3）Sidebar 区域，宽度为 212px 或 188px；高度是按照比例来设置。这里的内容可以通过类似树状结构的方式展示更为详细的功能，用于页面导航布局。

4）Content 区域，高度和宽度方向布局都是按照比例方式来设置的，是页面的内容部分，主要的业务操作区域，所以尽可能地放大空间，常用的界面布局有带侧边栏、内容全屏、资讯类布局、表单类布局等模式。

a. 带侧边栏布局模式，主要用于流程管理类应用布局，如图 4-6 所示。

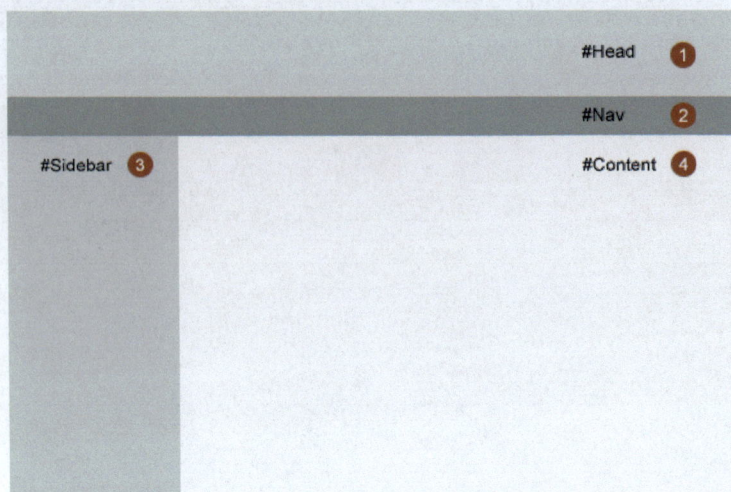

图 4-6 带侧边栏

b.内容全屏布局模式，主要用于主题概况类应用统计分析展示，如图 4-7 所示。

图 4-7 内容全屏

c.资讯类布局模式，主要用于资讯新闻类详情界面，如图 4-8 所示。

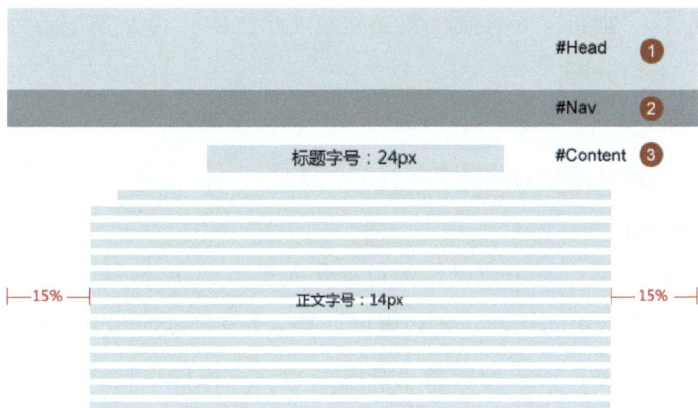

图 4-8　资讯类布局

d. 表单类布局模式，主要用于查看详细信息界面，如图 4-9 所示。

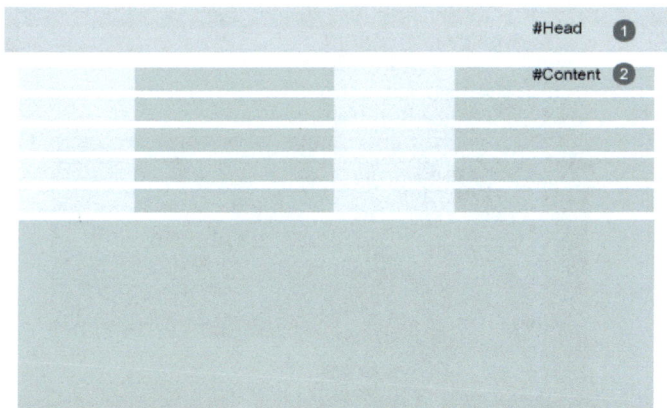

图 4-9　表单类布局

（3）主要工作区布局设计规范。省级电网调控云应用工作区布局主要以左右两列为主，左侧主要是功能操作菜单，可能是树菜单、伸缩菜单或者两者结合，右侧一般为业务处理区域，可能包括查询条件、操作按钮及数据列表等信息。其中功能按钮应在页面的最上方，居左对齐；查询、筛选类的控制应该放置在数据列表上方，居左对齐；翻页、分页、刷新等页面控制应该放置在数据列表的下方，并且可点击的对象必须与其他展示性的对象有明显区别，"翻页""刷新"等控制按钮必须与展示性的"共 X 条记录每页 X 条页次 X/X 页"有所分隔。

对于编辑界面，重要的必填项应该放在页面靠前的位置。对于多 Tab 页的界面，也应该将重要的信息页尽量放在前面。

3. 控件类型

控件是一种可以被用户操作的可视化元素，丰富合理的控件部署可以提高微服务和应用的可实用性，省级电网调控云元控件类型及设置标准如下：

（1）导航菜单。一级导航菜单高度为 36px，鼠标滑过出现二级菜单。两个菜单文字的直接间距为 36px，中间用"|"区分。二级导航列表背景色为 #629796，行高为 22px，鼠标滑过背景变色，色值为 #306F84，有下级菜单标示的小三角变色，色值为 #FFFB89，示例如图 4-10 所示。

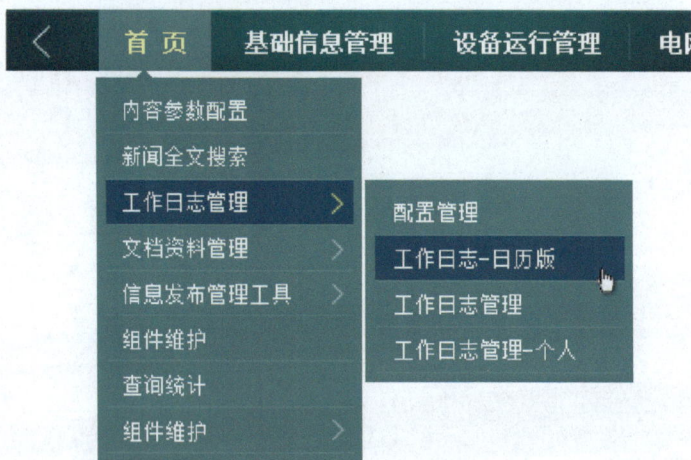

图 4-10　导航菜单示例

（2）树状菜单。树形菜单默认展开一层，当前菜单项前面的符号变"—"，选中项的背景色为 #669999，示例如图 4-11 所示。

（3）窗体。横向弹出窗口尺寸大小尽量不要超过 640px × 460px（这将确保弹出窗口能够显示在所有的视屏模式下），并且宽和高的比保持大体上为 4 : 3。

竖向弹出窗口的宽和高的比保持大体上为 2 : 5，这样看起来比较美观，有特殊情况时可以根据需要而定。同时无论是弹出窗口还是界面窗口中尽量少用或最好不要水平滚动条。

图 4-11 树状菜单示例

窗口缩放时,里面的控件也要随之缩放,排版保持正常。控件间隔基本保持一致,行与行之间间隔相同,窗口边界距离应大于行间间隔。

(4)工具栏。图标加文字,高度设为 27px,文字与图标间距为 5px,图标与图标间距为 36px,中间用"|"分割,如图 4-12 所示。

图 4-12 工具栏示例

工具栏上的每个按钮,尽量都要有提示信息,使用频率较高的按钮放在前面,对于无效按钮要置为不可用。

(5)Tab Page 页。状态高度为 27px,默认高度为 24px,宽度以文字与边缘距离为 10px 为佳,Tab Page 页设计如图 4-13 所示。

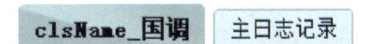

图 4-13 Tab Page 页设计示例

使用频率高的重要的标签页放在前面;标签页的标题要适中,一般 4~8 个字之间;标签数不要太多,如果太多,在一个屏幕显示不下,考虑换行显示。

（6）表单。在制作表单的时候分成单列布局和多列布局两种排列方式。可以通过以下几个因素去考虑使用什么布局，在输入项不多的情况下，建议采用单列布局，单列布局用户填写的路径就是从上至下的一条直线，符合用户的视觉动线，能够提高用户浏览与填写的效率；多列布局的表单会导致用户的视觉路径变长，用户需以"Z"字形的视觉动线扫描表单，会提高浏览与填写的效率，但多列表单容易造成用户填写时的混乱，易填错。

基础表单中会有以下六个元素：

1）标签。标签文本主要是解释输入项的含义，一般不宜太长，需要简明扼要，快速让用户理解，还有一部分是告知用户哪些是必填项。

2）占位提示。直接展示在输入项中，采用弱提示文本对所需信息描述，当用户输入信息时即消失。

3）校验。对输入项进行验证，并给出反馈提示，如：用户未填写，格式错误、内容错误等。

4）提示。描述输入项需要的输入类型，如：上传的文件类型。

5）按钮。用户完成输入后，点击按钮进行提交、进入下一步等，按钮一般是跟随的最后一个输入项后面，若输入项超出一屏显示，建议将按钮悬浮固定在底部。

基础表单示例如图 4-14 所示。

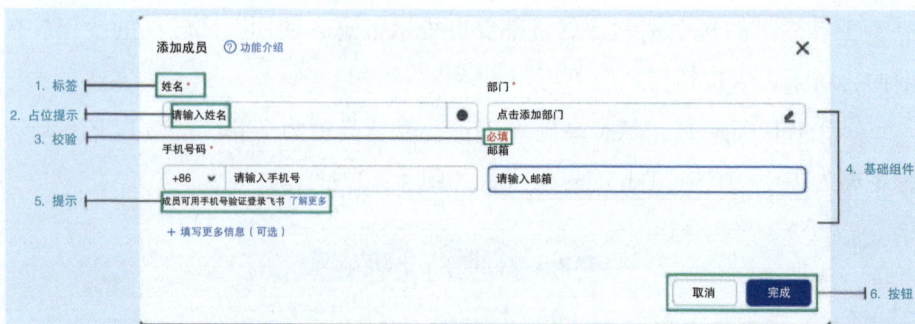

图 4-14　基础表单示例

表单组件元素如下：

1）文本框。输入框的高度可设定为 24px、20px、18px，单行能够满足需求，就不采用多行文本框。宽度根据情况自定，以可完整显示最大可输入内容为最佳。多行文本框录入内容超过文本框宽度能够自动换行多行文本框录入内容超过页面显示区域，显示滚动条。不可修改的字段，统一使用灰色文字显示。输入域无特殊说明一律左对齐（金额可右对齐）。

2）下拉选择框。下拉框的长度与实际显示的数目一致，不能有空白行。下拉框不能超过 20 行，如果超过 20 行，应该在下拉框中加入滚动条或者按照层级关系采用多个下拉框联动方式实现。下拉框的宽度与实际需求匹配，不可出现某行内容显示不全的情况，也不可出现宽度大大超出需求的情况。下拉框要有默认选项，如果确实不需要默认选项，则选中"请选择"或者"-"，如图 4-15 所示。

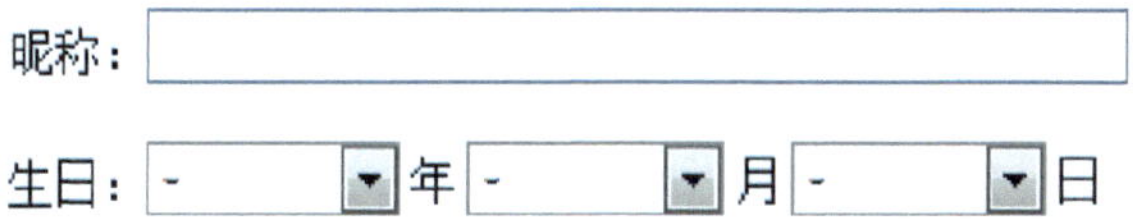

图 4-15　下拉选择框示例

3）按钮。提交按钮的高度可设定为 26px、22px、18px，宽度以边缘距文字 15px 为佳。圆角半径为 3px。按钮与按钮之间的间距为 10px。

4）单选框、复选框。默认全不选，与所关联的文字的间距为 5px。列表中，单选框和复选框不能同时运用在同一区域中，示例如图 4-16 所示。

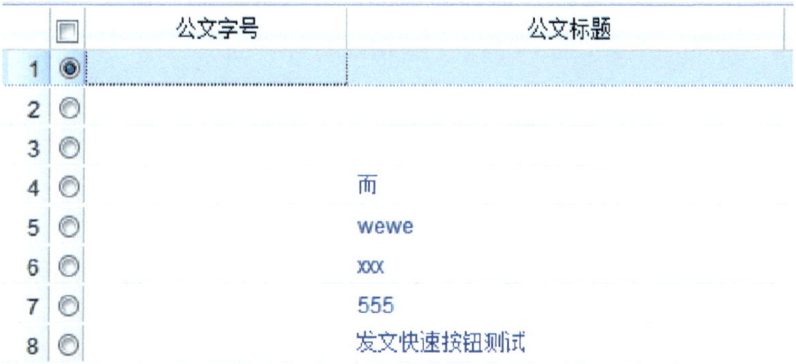

图 4-16　单选框、复选框示例

5）字段。表单字段名左对齐，或者中线对齐，避免文字长短不一的情况下居中对齐。

6）表格。表格长度应以适应容器为准，距离上下左右间距分别为 25px 和 20px。单元格长度设置应根据内容采用百分比方式来进行。表头高度 32px，文字加粗，单元格单行高度 29px。单元格采用隔行换色。

单元格内容如为定长，则居中显示；如为不固定的中英文内容，则居左显示；如为数值形式，则居右显示。在列表的字段中，有被截短的，鼠标放上去，必须显示出全部的值。如果列表没有数据，显示"本列表暂无记录！"，表格示例如图 4-17 所示。

☐		日期	单位	联系人
☐	缺	2013-08-01 15:49	XXXXX	XXXXX
☐	缺	2013-08-01 15:49	XXXXX	XXXXX
☐	事	2013-08-01 15:49	XXXXX	XXXXX
☐	事	2013-08-01 15:49	XXXXX	XXXXX
☐	接	2013-08-01 15:49	XXXXX	XXXXX
☐	正	2013-08-01 15:49	XXXXX	XXXXX

图 4-17　表格示例

7）分页。分页显示首页码及其后的三个页码，以及最后的两个尾页码，"首页""上页"灰掉。当前页的背景为 #666666，鼠标滑过的背景为 #F8EAB8，默认的背景为 #CCCCCC，灰掉的背景为 #F2F5F7，如图 4-18 所示。

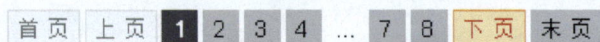

首页　上页　**1**　2　3　4　…　7　8　下页　末页

图 4-18　分页示例

8）按钮图标。图标大小通常为 8 的倍数，最小图标 16px，特殊情况可以采用 12px 或 48px 等尺寸，常用的为 16px 和 32px。

应用中的按钮使用平面效果，尽量采用扁平化，不使用三维效果。按钮应具备简洁的如图 4-19 所示的图示效果，应能够让用户产生功能管理反应，群组内按钮风格要统一，大小相似，标题字体保持一致，在整个应用中的显示位置要统一。功能差异大的按钮应该有所区别。

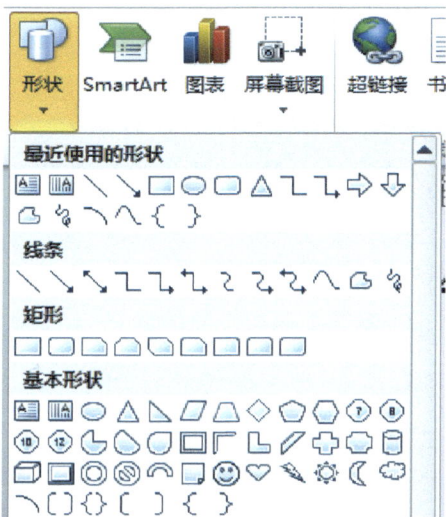

图 4-19　按钮图示效果

按钮应至少有 4 种状态效果：默认状态、鼠标划过状态、点击状态、不可点状态，如图 4-20 所示。

图 4-20　按钮图标示例

按钮上若没有文字，必须提供鼠标悬停提示信息。按钮上有文字但不足以准确传达按钮的功能时，也应提供鼠标悬停提示信息。

操作功能按钮向左对齐，按照使用频度（重要程度）从左到右排列，设置功能按钮和帮助按钮向右对齐，如图 4-21 所示。

图 4-21　操作按钮示例

折叠菜单的标题栏应该做成"展开/折叠"的响应区域，方便鼠标点击，如图 4-22 所示。

图 4-22　折叠菜单示例

有图标和功能说明文字的，实现点击图片和说明文字，都可以达到预期的页面。

9）提示信息。提示消息尽量不抢夺用户的操作权利，尽量不强制用户进行操作。通知类的消息（不需要用户反馈信息），不能强制用户进行操作，如图 4-23 所示。

图 4-23　提示信息示例

用户进行危险性操作或破坏性操作、运行状态错误时，应用应该有简洁易懂、口语化的提示信息。一切含有计算机专业术语的提示信息都应该杜绝（尤其是诸如 SQL 错误、空指针异常等信息），如图 4-24 所示。

图 4-24　错误提示信息示例

同一应用内同类交互信息（提示信息、询问信息、警告信息、错误信息）风格要统一，避免大面积使用大红色，如图 4-25 所示。

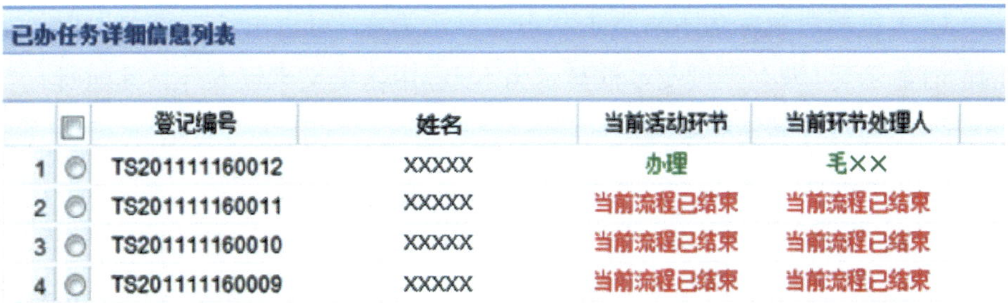

已办任务详细信息列表

		登记编号	姓名	当前活动环节	当前环节处理人
1		TS201111160012	XXXXX	办理	毛××
2		TS201111160011	XXXXX	当前流程已结束	当前流程已结束
3		TS201111160010	XXXXX	当前流程已结束	当前流程已结束
4		TS201111160009	XXXXX	当前流程已结束	当前流程已结束

图 4–25　同类交互信息示例

耗时的操作应有反馈时间，在进行长时间的操作时，要有等待光标、进度条或其他的可视反馈，如图 4–26 所示。

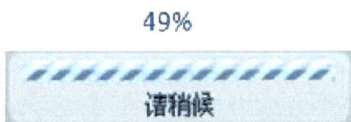

图 4–26　进度条示例

四种类型的交互信息的颜色选择：

a. 应用提示信息：提示需要用户注意的问题，用蓝色。

b. 询问信息：如是否继续某个操作，用蓝色。

c. 警告信息：如提示某个安全问题，用黄色。

d. 错误信息：应用运行时出现的错误信息，用红色。

4. 快捷键

（1）Tab 键。界面支持 Tab 键自动切换功能。Tab 键的切换顺序与控件排列顺序要一致，一般情况下采用总体从上到下，行内从左到右的方式。

（2）Enter 键。焦点在文本输入框时，按下 Enter 可以触发查询 / 提交 / 确定 / 执行等操作。

（3）导航键。选中下拉框的某一项后，上下键可以切换邻近选项。选中某一单选项 / 复选项后，上下左右键可以切换到邻近的项。

（4）Del 键。选中一条或多条可以删除的条目，按 DEL 键能够触发删除事件。

（5）鼠标。鼠标为不可点击状态时显示为 ，可点击状态显示为 ，应用忙时显示为 ，经过文本框显示为 I。应用除了文本输入外，其他所有功能都应该能通过鼠标来完成。

5. 文字描述

省级电网调控云应用文字描述应口语化，多用"您""请"，不要用或少用专业术语，杜绝错别字。注意断句逗号句号顿号分号的用法，如提示信息较多，应分段。所有的警告、信息、错误和提示的对话框统一采用提示信息格式。例如：（"请选择一条记录！""提示"）使用统一的语言描述，字与字之间不加空格。

（1）提示信息常用语见表 4-16。

表 4-16　　　　　　　　　　　　　　提示信息常用语

示例序号	常用提示语
示例 1	请选择一条记录！
示例 2	请至少选择一条记录！
示例 3	本列表暂无记录！
示例 4	是否查询所有数据？
示例 5	数据正在查询…
示例 6	数据正在加载…
示例 7	对不起，查询无数据！
示例 8	当前页面出现服务端异常，暂时无法访问！

（2）操作按钮常用语见表 4-17。

表 4-17　　　　　　　　　　　　　　操作按钮常用语

序号	按钮分类	按钮名称
1	数据操作	新增
2	数据操作	删除

续表

序号	按钮分类	按钮名称
3	数据操作	保存
4	数据操作	查询
5	数据操作	刷新
6	流程操作	确定
7	流程操作	发送
8	流程操作	驳回
9	页面操作	登录
10	页面操作	关闭
11	页面操作	上一页
12	页面操作	下一页
13	页面操作	浏览

6. 图层命名

省级电网调控云应用对于 PSD（Photoshop 的专用格式，Photoshop Document）文件里面的图层，应合理使用图层文件夹进行管理，按布局或者模块分别放到相应的文件夹里，并且进行合理的图层命名，各个图层命名参考见表 4-18 所示。

表 4-18 图层命名规范

序号	图层名称	图层命名
1	页头	header
2	导航	nav
3	内容	content
4	侧栏	sidebar
5	主体	main

续表

序号	图层名称	图层命名
6	菜单	submenu
7	栏目	column
8	摘要	summary
9	页尾	footer
10	按钮	button
11	滚动	scroll
12	鼠标滑过	hover

7. 图片优化

省级电网调控云应用图片裁剪、切图时应尽量贴合图形区，避免空白区域占用文件大小。使用 Photoshop 的"存储为 Web 所用格式"功能来输出图片，此方法可以让同等视觉质量下的图片文件更小。输出设计稿时尽量采用JPG（joint photographic experts group，联合图像专家组的缩写，一种连续色调静态图像压缩的标准）下的"最佳"或者便携式网络图形（portable network graphics，PNG）格式，以保证设计稿的颜色不损失。

不同的图片选择合适的效果和大小较优的文件格式。如一般色彩少的图片使用 PNG-8、图形交换格式（graphics interchange format，GIF）格式文件会小些，色彩渐变丰富的图片，则使用 JPG 会小些。在不影响明显视觉情况下，色值越少文件越小，例：16 色的文件就比 256 色的文件小。如保存为 JPG 格式的图片，需综合对比压缩品质高、中、低下的效果，尽量选择效果好且压缩品质较低的选项，以达到获取较小文件的目的。

4.5 数据访问研发

开发者在省级电网调控云关系数据库的使用过程中，应严格遵循数据库统一使用管理规范。

4.5.1　数据库访问要求

省级电网调控云通用性数据的使用规范要求如下：

（1）私有数据可直连到云端分配的数据库模式，数据库类型包括达梦 8、MPP 等。

（2）公有表数据必须采用服务的形式获取数据。

（3）采用 JDBC（java 数据库连接，java dataBase connectivity）等直连数据库的访问方式时，严控连接数量和时间，应具备主动释放连接机制，业务上线前应在工厂或测试环境进行充分测试，避免数据库出现长事务，原则上 1 个进程只建立 1 个链接。

（4）支持 Hibernate、MyBatis 等 ORM（对象关系映射方式，object relational mapping）访问数据库。

（5）严格要求用户权限控制，按授权进行数据库访问和操作。

（6）除非特殊应用，严禁使用超级用户直接访问数据库。

（7）数据库操作应符合最优逻辑原则，避免使用复杂逻辑结构的 SQL 语句，可通过拆分优化的方式，由程序本身控制逻辑。

（8）严格执行表索引操作原则，合理评估表数据规模，大于 10 万条数据表应使用索引，创建索引数量不超过 5 个，索引重复率尽量不超过 20%，表数据量大于 1000 万条应申请创建分片表。

（9）数据库关键操作应给出提示或者二次确认，防止误操作。

（10）触发器需调用统一的触发器服务，避免重复创建触发器。

4.5.2　SQL 编码要求

开发者在省级电网调控云关系库使用过程中，应遵循以下开发要求及建议，避免因 SQL 编写问题引起数据库性能异常等情况。

1.SQL 编码规范

SQL 语句在执行之前需要解析，为了不重复解析相同的 SQL 语句，在第一次解析之后，数据库将 SQL 语句存放在内存中，后面遇到相同的 SQL 语句，

就不用再次解析，从而提高执行效率。但是数据库判断 SQL"相同"的条件
苛刻，一是字符级别的比较，需要大小写、空格完全一样，另外一个对象相
同即属于同一个 schema 的。这里讨论的重点是字符级别的差异对 SQL 共享的
影响。

假如有 4 个开发人员，他们的编码风格各异，在应用中编写了下面的 SQL：

```
A:SELECT * FROM TEST;
B:select * from TEST;
C:select * from dbo.test;
D:select * from test.
```

虽然这 4 个 SQL 功能完全一样，但数据库会认为它们是不相同的语句，
都需要分别解析一次，SQL 效率明显降低。

因此，省级电网调控云开发人员应遵循统一编码风格，如关键字大小写、
表名、字段名大小写，表名是否带 Schema，空格个数等。统一编码风格除了
代码美观之外，更是保证 SQL 共享的关键要素之一。

2. 查询语句要求

（1）在查询语句中使用 select 列和 where 条件时，表达式左边不允许出现
对索引列函数及其他运算表达式，如果在查询语句中使用函数或者其他运算
表达式，将导致该索引在该查询中失效，示例如下：

```
低效：
select * from TAB_TEST where
to_char(CREATE_TIME,'YYYY-MM-DD hh24:mi:ss')='2023-06-15
20:00:00'
高效：
select * from TAB_TEST where
CREATE_TIME=to_date('2023-06-15 20:00:00','YYYY-MM-DD
hh24:mi:ss')
```

（2）在 where 条件中尽量使用绑定变量而不是常量。

（3）尽量避免不必要的 order by 和 group by 排序操作，如果必须使用排序操作，排序字段尽量使用索引列。

（4）如果查询结果集不要求唯一时，建议使用 union all 代替 union，能提高查询效率。

（5）不要使用 select * 选择表中的所有列，应把所选择的列写出来，示例如下：

> 低效：select * from t1;
>
> 高效：select a.id，a.name from t1 a.

3. 多表连接查询要求

（1）多表连接查询时，必须使用表的别名来引用列，如果查询记录数大于 1000 万条时，多张大表进行 join 时一条 SQL 语句中关联查询的大表尽量不要超过 4 个。

（2）多表关联查询不能出现笛卡尔积，笛卡尔积会在表没有连接条件时产生，如果两个 100 行的表连接就是 1W 条记录，三个 100 行的表就是 100W 记录，现实生活中这样的连接不会有太大实际意义。

4. 变量或值数据类型一致性要求

查询语句中比较值与索引列数据类型要保持一致性，避免数据发生隐式转换。当发生数据类型隐式转换时可能导致索引不能被使用。算术运算时，一般把字符型转换为数值型，字符型转换为日期型，连接时，一般是把数值型转换为字符型，日期型转换为字符型；赋值、调用函数时，以定义的变量类型为准。

5. 其他编码要求

（1）业务逻辑中不要访问数据字典表和系统动态视图，用于对数据库对象和运行状态进行统计分析，不要在应用的日常业务逻辑中访问数据字典表和系统动态视图。

（2）数据库连接及时关闭，程序中必须显示关闭数据库连接，不仅正常执行完后需显示关闭，而且在异常处理块（例如 Java 的 Exception 段）也要显示关闭。

（3）不要将空的变量值直接与比较运算符（符号）比较，如果变量可能为空，应使用 is null 或 is not null 或 nvl 函数进行比较。

（4）尽量减少 not in 的使用，考虑使用 not exits 代替 not in。

4.5.3　数据表优化设计

开发者对于省级电网调控云需要定期清理的大表，可以考虑使用分区表，加快清理速度。对于持续增长的表，可以考虑使用分区表，方便管理。

分区表在建表时，一定要有"Enable Row Movement"参数，表分区类型选择建议如下：

（1）Range 分区，范围分区是对某个可度量的字段在可以预见的范围内进行划分的分区方式，在进行范围查找时具有比较高的效率。例如：日期字段。

```
create table P_DATE
(
record_date timestamp,
col_1 varchar2(2000),
col_2 varchar2(2000)
)
partition by range(record_date)
interval(numtodsinterval(5,'day'))
(
partition p1 values less than(to_date('2023-6-1','YYYY-MM-DD'))
);
/*5 天一个分区，插入的时间大于 2023-6-5 会自动创建新的分区 */
```

（2）List 分区，枚举值分区是对某个可列举确定值的字段按照不同值进行划分的分区方式，该分区方式仅限于单个列。例如：部门编号。

```
create table P_LIST
(
dep_no int,
  col_1 varchar2(2000),
  col_2 varchar2(2000)
)
partition by list(dep_no)
(
partition p1 values(1,2),
  partition p2 values(3,4),
  partition p3 values(5,6),
partition p4 values(default)
);
```

（3）Hash 分区，散列分区是对某个离散性很大的字段按照根据散列算法计算出的散列值进行分区。例如：身份证号码进行 hash 分区，按照账号进行 Hash 分区。

```
create table p_hash
(
  id_no int,
  col_1 varchar2(2000),
  col_2 varchar2(2000)
)
partition by hash(id_no)
(
  partition p1,
```

```
partition p2,

partition p3,

partition p4

);
```

4.5.4 读写性能调优

开发者应对省级电网调控云业务 SQL 进行优化，增强读写性能，从减少表的扫描、索引优化、优化 SQL 语句等方面进行调优工作。

1. 减少表的扫描

在 select 中引用 '*' 的确很方便，但这是一个非常低效的方法。实际上，DM 在解析的过程中，会将 '*' 依次转换成所有的列名，这个工作是通过查询数据字典完成的，这意味着将耗费更多的时间，也许用户只需要几个列而已，但是 '*' 会返回所有的列数据到客户端，浪费宝贵的网络、存储资源。

在许多基于基础表的查询中，为了满足一个条件，往往需要对另一个表进行联接，在这种情况下，使用 exists（或 not exists）通常将提高查询的效率。

低效：in 子句需要找到所有满足条件的记录才会返回：

```
select * from emp where empno>0 and deptno in (select deptno from dept where loc='MELB');
```

高效：exists 子句只要找到一条符合条件的记录就马上返回：

```
select * from emp where empno>0 and exists (select 'x' from dept where dept.deptno = emp.deptno and loc = 'MELB');
```

2. 提高索引优化

通常情况下，用 union 替换 where 子句中的 or 将会起到较好的效果，对索引列使用 or 将造成全表扫描。注意，以上规则只针对多个索引列有效。在下面的例子中，loc_id 和 region 上都建有索引。

低效：

```
select loc_id,loc_desc,region from location1 where
loc_id = 10 or region='MELBOURNE';
```

高效：

```
select loc_id,loc_desc,region from location1 where loc_id =10
    union select loc_id,loc_desc,region from location1 where region
='MELBOURNE';
```

在建立复合索引时，把最常用的字段放在最前面，尽量把重复值较少的字段放在前面。复合索引建立时，过滤性好的等值判断字段尽量放在前面，范围查询字段要紧跟等值判断字段才可以高效使用复合索引。如果范围查询字段过滤性好，可直接建立对应字段索引。

避免隐式转换，当 where 条件中，做比较操作的两边数据类型不一致时，数据库会自动进行类型转换，并且总是把 char 类型的一方转换为 number 类型，若索引列发生了隐式转换，则无法走索引（这等同于在索引列上使用了函数）。

如下 SQL 语句不符合规范：

```
-- 表 t_test 的 c1 字段为 varchar 类型
select c1,c2 from t_test where c1=123;
```

应用修改为以下方式，避免隐式转换：

```
-- 表 t_test 的 c1 字段为 varchar 类型
select c1,c2 from t_test where c1='123';
```

3. 优化 SQL 语句

（1）在 insert SQL 语句中指定表的列，在 insert 的 SQL 语句中，指定表的列名可以提高效率，便于以后对表的字段扩展，示例如下：

```
-- 不要使用
insert into TABLE_NAME values(:v1,:v2);
-- 而是使用
insert into TABLE_NAME(column1,column2) values(:v1,:v2);
```

（2）使用别名可以提高数据库解析 SQL 语句的效率。

（3）对于大批量的数据操纵语言（data manipulation language，DML）操作分段提交，防止大事务应用程序应支持数据的分批的加载，同时支持数据加载的断点续传能力。

4.6　应用研发安全

与传统调控系统相比，电网调控云平台的应用安全防护更加复杂。调控云平台环境下用户的身份认证、授权服务和数据访问控制等机制，往往过程更加复杂冗长，甚至不具备服务器可信的假设前提，因此云环境下应用安全防护技术具有特别重要的意义。省级电网调控云在遵循 Q/GDW 12189—2021《调控云平台安全防护技术规范》的基础上，进一步细化相关安全规范，指导云上应用安全建设。

4.6.1　敏感数据安全

省级电网调控云涉及到大量敏感信息，为了保障电力调控业务的数据安全，应用建设中需要采取以下安全措施。

1. 敏感数据清单

建立敏感数据清单是保护数据安全和隐私的重要步骤，省级电网调控云具体应用中，敏感数据的内容要通过数据清单不断的动态完善，数据清单建立流程如 4-27 所示。

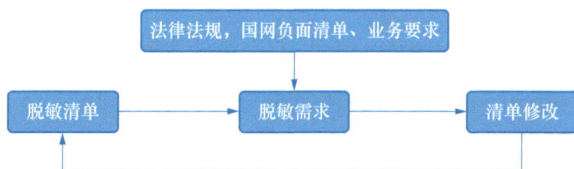

图 4-27　敏感清单流程

（1）定义敏感数据：根据国家法律法规、国调的规范和业务的具体要求定义敏感数据，常见的有户号、用户手机号码、账号口令、电力现货报价、变电站坐标等。

（2）确定脱敏需求：根据敏感数据的特性和组织的合规要求，确定对敏感数据需要采取的保护措施，如数据变形、数据加密、水印、访问控制、备份等。

（3）更新确定清单：定期检查敏感数据清单，确保清单与实际情况一致。

2. 数据展示脱敏

省级电网调控云要求敏感信息在文档和屏幕上展示时要受到适当的保护，避免被未经授权的人员看到或窃取，具体做法有数据变形处理、图形加水印等，使得攻击者无法直接进行属性泄露攻击。

对手机号和身份证信息数据脱敏展示实例见表 4-19。

表 4-19　　　　　　　　　　　脱敏信息示例

敏感信息类型	展示规范
手机号	后 4 位变形，如 1363419****
身份证	显示前 1 位 +*（实际位数）+ 后 1 位，如 3***************9

Web 前端加水印可以把用户名称或者 IP 作为水印。

3. 数据传输脱敏

省级电网调控云敏感数据在前后端传输和后端处理时都必须进行数据脱

敏处理，不允许在客户端使用 JavaScript 脚本进行数据脱敏。包括但不限于代码注释、隐藏域、URL 参数、Cookies 等位置的数据；不允许使用可逆的加密方式，比如不能采用 Base64、MD5（Message-Digest Algorithm 5，信息摘要加密算法）加密后进行传输；用户信息返回应遵循最小化原则，避免不必要的全量数据返回，避免将业务需求之外的业务信息返回到前端。

不允许直接在客户端与服务端之间传递敏感信息的明文数据，敏感信息应在服务端关联到用户标识 ID，并通过用户标识 ID 在客户端与服务器端之间传递，如果必须传输，应在服务器端对敏感信息进行国密加密后再进行传输。

4.6.2 应用安全要求

遵循安全规范可以帮助开发者在应用设计和开发的早期阶段就考虑到安全要求，有助于减少后期安全问题的修复和更新成本，同时遵守安全规范还可以提高应用的质量和稳定性，减少系统故障和维护时间。省级电网调控云应用应遵循口令安全、代码异常处理、表单输入校验、操作二次鉴权、关键行为审计等方面的安全规范要求。

1. 口令安全要求

用户口令是系统安全的第一个关口，也是被非法用户重点攻击的地方，省级电网调控云对口令安全具体要求有：

（1）复杂性要求，口令应具备一定的复杂度，包含多种字符类型，如数字、字母（包括大小写字母）和特殊字符，口令的长度不能少于 8 位。

（2）禁止重复使用，用户应定期更换口令，以减少长期暴露的风险，一般情况下，建议每三个月更换一次口令。

（3）阻止常见口令，用户不应使用容易被猜测的常见口令，例如"admin""password""123456""zpepc"等，对常见口令应进行技术查验，确保用户选择安全的口令。

（4）二次验证，为敏感账户或重要系统启用二次验证机制，以提供额外的安全性，可以包括短信验证码、手机应用程序生成的验证码或用户生物特征验证（如指纹、声纹）。

2. 代码异常处理

开发者应遵循省级电网调控云代码异常处理要求，良好的代码异常处理可以提高代码的安全性和可靠性，减少潜在的漏洞和攻击风险，具体要求如下：

（1）异常信息限制：在异常处理过程中，应该避免在错误信息中暴露敏感信息。例如，不要将数据库连接错误的详细信息直接返回给用户，而应该提供一个通用的错误信息，防止攻击者利用错误信息获取有关系统或数据库的敏感信息。

（2）友好的错误提示：提供明确和友好的错误提示信息，以帮助用户理解问题并采取适当的措施。

（3）异常处理日志记录：在异常处理过程中，应该有适当的日志记录，将关键信息记录下来，以便跟踪、分析和排查问题，同时日志记录也可以帮助发现潜在的安全威胁和攻击行为。

（4）避免捕获过广的异常：应尽量捕获具体的异常类型，而不是使用通用的异常类型，如"Exception"。这有助于确切地了解何种问题导致了异常情况，使问题排查更加精确。在代码中应该避免捕获过于宽泛的异常，过于宽泛的异常处理可能会隐藏真实的问题，导致系统的安全漏洞被忽略。

（5）及时处理异常：异常应该及时捕获和处理，避免在错误源头上一直传递和传播，未处理的异常可能导致系统崩溃或不安全的状态。

（6）异常处理的安全验证：在异常处理过程中，应该对用户请求和输入进行安全验证，可以防止潜在的攻击，如输入验证绕过、拒绝服务、SQL注入等。

3. 表单输入校验

为了提高系统的安全性、数据的准确性和用户体验，确保用户输入的数据能够符合预期的格式、类型和约束条件，省级电网调控云要求开发者对表单输入有效性进行验证，具体要求如下：

（1）必填字段验证：确保必填字段不能为空，需要在表单提交前对这些字段进行验证。

（2）邮箱格式验证：验证邮箱输入是否符合规范的邮箱格式，通常使用正则表达式进行验证。

（3）手机号码格式验证：验证手机号码输入是否符合规范的手机号码格式，通常使用正则表达式进行验证。

（4）密码复杂度验证：要求用户设置的密码必须具备一定的复杂程度，如包含大小写字母、数字和特殊字符。

（5）数字范围验证：验证数字输入是否在指定的范围内，例如年龄、电量范围等。

（6）字符串长度验证：验证字符串输入的长度是否满足要求，例如身份证号、手机号等。

（7）输入格式验证：对于需要特定格式的输入，如日期、时间、货币等，要对用户输入进行格式验证。

（8）数字精度验证：对于需要精确到小数位的数字输入，验证输入的精度是否符合要求。

（9）列表选择验证：对于下拉列表、单选按钮、复选框等选项，验证用户是否做出了有效的选择。

4. 操作二次鉴权

省级电网调控云为了提高系统的安全性，防止未授权的用户访问和操作，要求对重要的操作（如修改密码、电力交易、修改关键数据等），在用户已完成首次身份验证后，通过额外的步骤或策略进行再次确认用户的身份。下面二次鉴权手段开发者可以结合具体情况灵活选用。

（1）多因素认证：通过使用多种不同的认证因素，如密码、短信验证码、指纹，CA证书，来确保用户的身份安全。

（2）动态口令：生成一个一次性的随机密码，用户在登录时需要输入该密码，通常通过手机应用或硬件令牌生成。

（3）验证码：在用户进行敏感操作时，要求输入动态生成的验证码，以防止机器自动化攻击。

（4）设备/IP绑定：将用户的账号与特定的设备/IP进行绑定，只有绑定设备上的用户才能进行操作，如果来自非信任IP的请求需要进行二次鉴权。

（5）地理位置限制：根据用户最常用的地理位置或事先设置的可信任区

域，限制用户只能在特定地点进行登录或操作，比如在宁波地调登录的账号不能操作杭州地调的相关业务。

5. 关键行为审计

省级电网调控云应用应对用户的关键行为记录审计日志，便于提供后续日志审计。通过对关键行为审计，可以追踪和监测省级电网调控云应用系统的用户行为、数据操作和系统变更，保证系统的安全性和合规性，及时发现和应对异常情况，提高系统的可靠性和稳定性。省级电网调控云对应用系统的行为审计要求如下：

（1）用户登录日志：记录用户登录应用系统的时间、地点、IP 地址等信息，用于追踪用户的登录行为和身份验证情况。

（2）业务操作记录：记录用户对应用系统的各种操作，包括访问哪些模块、操作了哪些功能、提交了怎样的数据等，用于审查用户的行为和操作是否合规和安全。

（3）数据修改日志：记录对系统中的数据进行的增删改查等操作，包括修改了哪些数据、操作的时间、操作人员等，用于追踪数据的变更历史和恢复数据的原始状态。

（4）系统设置变更日志：记录对应用系统的配置和设置进行的修改，包括修改了哪些配置参数、修改的时间、修改的人员等，用于审计系统设置的变更情况和防止非法修改。

（5）安全事件日志：记录系统中发生的安全事件，如登录失败、被拒绝的访问、异常操作等，用于发现和防止未经授权的访问和恶意行为。

（6）异常日志：记录系统中的异常事件和错误，如系统崩溃、运行中断等，用于排查和修复系统故障和提高系统的稳定性。

4.6.3　安全漏洞加固

非法用户通过操作系统、中间件、应用的安全漏洞对系统进行渗透和攻击，威胁应用安全和数据安全，甚至影响电力系统安全运行，应高度重视省级电网调控云安全漏洞加固。常见的安全渗透攻击方式包括跨域请求伪造攻击、跨站脚本攻击、数据重访攻击、SQL 注入攻击、越权访问攻击等方式。

1. 防跨域请求伪造攻击

攻击者可以通过修改请求头中的 Referer 字段来伪造请求源，使服务器认为请求来自信任的源，从而绕过跨域请求的限制执行恶意操作。为了防止 Referer 跨域请求被伪造，省级电网调控云应用开发者应采取以下措施：

（1）严格验证 Referer：服务器在接收到请求后，应该校验 Referer 的值是否来自可信的源，而不是简单地依赖浏览器发送的 Referer 字段。可以通过检查 Referer 字段的域名和协议，与请求的目标域名进行比较，确保 Referer 是合法的。

（2）使用其他安全机制：除了依赖 Referer 字段来验证请求来源外，还应该使用其他安全机制来增加防护层级。例如，使用令牌（Token）进行身份验证和授权，使用验证码来防止机器人恶意请求等。

（3）使用 HTTPS：通过使用 HTTPS 协议来加密通信，防止恶意用户窃取和篡改请求的 Referer 字段，提高安全性。

2. 防跨站脚本攻击

跨站脚本攻击（cross-site scripting，XSS）是一种常见的网络攻击方式，其主要目的是通过注入恶意脚本来劫持用户的会话、窃取用户信息或进行其他恶意行为。为防止 XSS 攻击造成的危害，省级电网调控云应用开发者应采用以下措施：

（1）输入过滤和验证：对于用户输入的数据，进行过滤和验证，确保只允许合法的字符、格式和长度，应使用正则表达式或白名单机制来防止恶意脚本的注入。

（2）输出编码：在将数据输出到网页时，进行适当的编码，确保所有用户输入的内容都被当作数据而非代码来处理，常见的编码方式包括 HTML（超文本标记语言，HyperText Markup Language）实体编码、URL 编码和 JavaScript 字符串编码等。

（3）安全的 Cookie 标记：对于敏感操作相关的 Cookie，设置 HttpOnly 标记，以确保 Cookie 仅通过 HTTP 头传输，并且无法通过非 HTTP 请求进行访问，防止攻击者窃取 Cookie 并篡改用户会话。

（4）CSP（content security policy）：配置安全策略，限制网页中可执行的

脚本、样式和其他资源的来源，CSP 可以防止非法脚本注入攻击，通过限制资源的加载来源，将恶意脚本的执行机会降低到最小。

（5）输入限制和转义：对于用户输入的特殊字符，如尖括号、单引号和双引号等，进行限制和转义，确保这些字符不会被当作代码执行，可以使用安全编码库或框架提供的函数来进行输入限制和转义操作。

（6）安全审计和漏洞扫描：定期进行安全审计和漏洞扫描，及时发现系统中存在的可能导致跨站脚本攻击的漏洞，并进行修复。

（7）教育和培训：提高自身安全意识，进行防范跨站脚本攻击学习培训，包括警惕点击可疑链接、不轻信来历不明的网站或用户等。

3. 防数据重放攻击

数据重放攻击是一种网络安全攻击，攻击者通过拦截、记录和重新发送已经传输过的数据包来进行攻击。攻击者可以在任何网络通信中复制和重放数据，以此来欺骗系统或获取不当权限，这种攻击通常用于篡改或重复发送敏感信息，以获取机密数据、冒充身份、进行更多恶意行为。为防范数据重放攻击，省级电网调控云应用开发者应采取以下措施：

（1）时间戳和序列号：在通信中包含时间戳或序列号可以确保数据的唯一性。接收方可以验证时间戳或序列号的有效性，如果检测到重复的时间戳或序列号，则可以拒绝接收并防止数据重放。

（2）令牌或会话管理：使用一次性令牌或基于会话的管理可以防止数据被重复使用。服务器可以生成和验证令牌，确保每次请求的唯一性，并在使用后立即使其失效，防止攻击者利用令牌进行重放攻击。

（3）安全协议和机制：使用安全协议和机制如 HTTPS、IPSec 等可以提供认证、完整性和防重放等安全特性，从而防止数据重放攻击。

（4）安全监测和日志记录：实施安全监测和日志记录，可以及时发现和跟踪异常活动，监测和记录网络通信的相关信息，可以帮助检测和防止数据重放攻击。

4. 防 SQL 注入攻击

SQL 注入攻击是一种常见的网络攻击，攻击者通过向应用程序的输入字段注入恶意的 SQL 代码，从而在后台的数据库中执行非法操作。攻击者可以通过改变查询语句的结构，插入额外的 SQL 命令，甚至删除数据库中的数据，危害性较大。为防范 SQL 注入攻击，省级电网调控云应用开发者应采取以下措施：

（1）使用参数化查询或预编译语句：参数化查询或预编译语句会将用户输入的数据和查询语句分开处理，确保输入数据不会被解析为代码，可以防止攻击者通过注入攻击修改查询语句的结构。

（2）输入验证和过滤：在处理用户输入数据时，进行严格的输入验证和过滤，检查输入数据的类型、长度和格式，并过滤掉危险字符和特殊字符，以防止恶意的 SQL 代码注入。

（3）最低权限原则：在数据库的用户授权中，限制应用程序只能执行所需的最低权限操作。这样即使攻击者成功注入恶意代码，也会受到权限限制。

（4）使用安全的编程框架和库：选择使用经过安全性验证的编程框架和库，这些框架和库通常内置了防止 SQL 注入攻击的功能，并会自动对用户输入数据进行转义和过滤。

（5）安全监测和日志记录：实施安全监测和日志记录，及时发现和记录潜在的 SQL 注入攻击，便于事后分析和调查。

要防止 SQL 注入攻击，开发人员和数据库管理员需要了解和遵循最佳的安全实践，并确保应用程序和数据库的补丁和更新是最新的。此外，持续的安全培训和意识提高对于防御 SQL 注入攻击也至关重要。

5. 防越权访问攻击

越权访问攻击是指攻击者通过利用系统或应用程序中的漏洞、缺陷或错误配置，以获取比其正常权限更高的特权或访问权限的行为，这使得攻击者能够执行未经授权的操作、访问受限资源或获取敏感信息。为防范越权攻击，省级电网调控云应用开发者应采用以下措施：

（1）严格的身份验证和授权机制：确保系统中的每个用户都经过身份验证，并限制他们只能访问其权限允许的资源。使用强密码策略、多因素身份验证等措施提高身份验证的安全性。在授权过程中，需审慎分配权限，仅赋予用户执行所需操作的最小权限。

（2）检查和过滤用户输入：在处理用户输入数据时，进行严格的输入验证和过滤，检查输入数据的类型、长度和格式，并过滤掉危险字符和特殊字符，可以防止攻击者利用恶意的输入数据绕过授权机制。

（3）安全的会话管理：使用安全的会话管理机制来跟踪和管理用户的会话状态。确保会话令牌（如 Cookie 或会话 ID）的安全性，防止攻击者伪造或盗取令牌来冒充合法用户进行越权操作。

（4）全面的异常处理和错误处理：在系统中实施全面的异常处理和错误处理机制。通过清晰的错误消息和日志记录，及时发现和记录潜在的越权行为，并进行相应的处理和调查。

（5）定期的安全审计和渗透测试：定期对系统进行安全审计和渗透测试，发现潜在的越权漏洞并及时修补，包括检查系统配置、应用程序漏洞和网络安全。

第 5 章

应用上线

调控云应用上线流程是为了规范应用系统上线的资源准备、集成测试、应用发布、上线运行、升级运维，保障应用系统所需要的虚拟资源、数据资源、网络资源有序申请发放，满足省级调控云应用建设的全流程管控要求，达到系统部署的安全性、规范性、合理性要求。

本章以浙江省级电网调控云为例对浙江省级电网调控云应用上云流程及各环节要求进行了详细说明，指导云上应用建设人员合规开展云上资源申请和应用开发部署。

5.1 流程概述

省级电网调控云应用上线应遵循云上应用建设规范要求，IaaS 层按照前后端分离的技术原则，从数据库层、数据处理层、前端展示层规范梳理云上应用软硬件部署架构；PaaS 层按照微服务微应用架构体系，充分利用省级电网调控云模型数据平台、运行数据平台、大数据平台提供的模型数据、应用组件构建应用系统，避免不必要的重复开发，如需从外部接入数据，应遵循通用数据结构规范定义公共数据结构，通过评审后调用省级电网调控云读写服务写入指定数据表；SaaS 层采用统一权限认证实现云上应用从调控云门户单点登录，同时将云上应用进行微服务微应用的提炼，发布到省级电网调控云 Dubbo 总线供其他应用调用，避免同类功能云上重复开发。

以浙江省级电网调控云建设要求为例，云上应用建设应先到省级电网调控云 C 站点进行集成开发测试，通过测试评估验收后，省级业务发布到 A 站点，地县级业务发布到 B 站点，关键核心应用采用同城双活部署方案进行负载均衡，界面设计、研发要求、安全管控严格遵循第 4 章的要求，满足省级电网调控云应用建设要求。

应用上线需要经过需求方案评审、集成部署测试、应用试运行、正式上线运行等环节，如图 5-1 所示，省级电网调控云在需求方案评审阶段，需求单位编写应用上云需求方案，省调组织专家评审小组对应用上云方案进行评审后，C 站点管理根据评审意见分配临时测试资源；集成部署测试阶段满足信息化建设三方测试要求，为功能测试、安全测试、性能测试提供运行环境；应用试运行阶段，根据集成测试情况进一步评估资源需求，提供生产环境的数据服务接口和虚拟资源；正式上线运行阶段，在试运行 3 个月内通过对试运行评估后，对于使用推广不佳和不满足安全要求的应用提出下线，满足要求的应用分配域名进入运维保障环节。

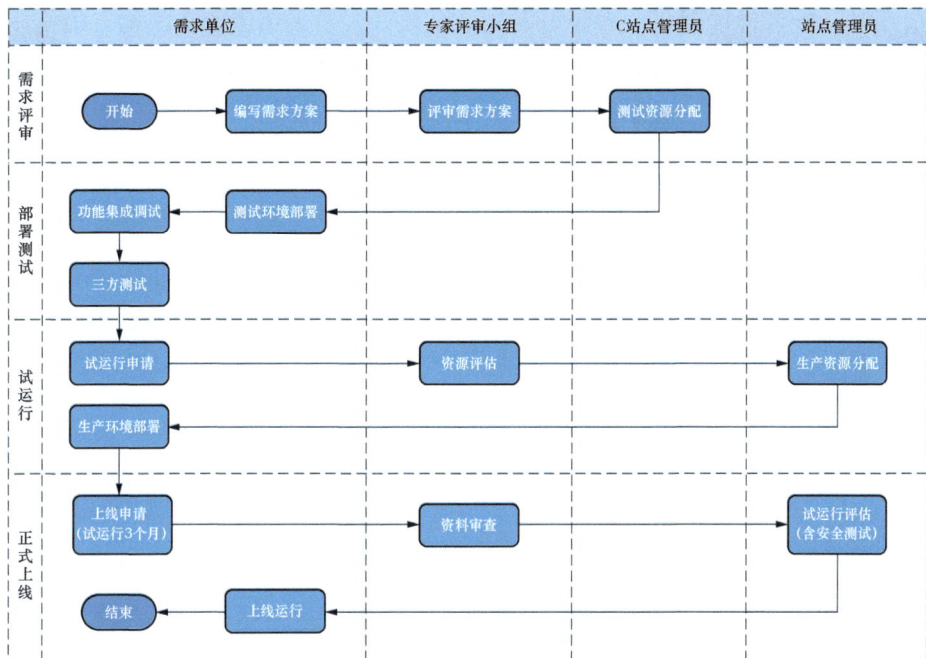

图 5-1　应用上云流程图

5.2　资源准备

5.2.1　需求方案编写

需求单位应用上云之前需要先编写应用上云建设方案，主要包括应用介绍、技术架构、数据架构、部署架构、安全架构等内容，其中应用介绍应描述该项目的来源，如：科技项目、信息化项目、技术改造项目，简要描述项目主要内容、各个模块的功能要求、应用范围、建设目标，重点描述上云必要性。

1. 技术架构设计

技术架构是对业务、应用和数据架构的技术实施方案的结构化描述，根据业务需求和目标，对应用的整体结构和组成进行规划和设计。它包括确定应用的各个模块、组件和其之间的关系，以及选择合适的技术和工具来实现应用的功能和性能要求。省级电网调控云软件主要采用微服务架构，根据业务将功能切分为一组细粒度的服务，服务间采用 HTTP、RPC 等轻量级的通信机制进行数据交互，每个微服务互不干扰，都有自己独立的进程，能被单独测试、部署和升级。同时每个服务职责单一，即便发生故障也不会影响其他服务，需要重点描述该应用所使用的资源部署方案（例如容器部署或是虚拟机部署），明确所使用的基础技术组件和用途，对于使用到的原生组件要加以说明，以《浙江省级电网全过程智慧调度应用上云方案》技术架构为例，图5-2 为该方案的技术架构。

图 5-2　技术架构示意图

该方案采用虚拟机＋容器混合部署方式，使用省级电网调控云提供的中间件、数据库、大数据存储、公共组件、模型数据服务、运行数据服务等组件，详细组件见表 5-1。

该方案用到的原生组件包括前端框架 VUE、Echarts 等开源组件，便于提高前端交互可组合、可复用和灵活配置，后端算法框架涉及 Spring boot、Flask、Pytorch 等开源组件，用于提高开发效率，详细原生组件见表 5-2。

表 5-1 组件使用说明

序号	类别	组件名称	组件用途说明
1	部署方式	虚拟机	使用虚拟机部署前端展示应用
2		容器	使用容器部署算法模型，需要用到 GPU
3	中间件	Tomcat	用于快速部署和管理 Java Web 应用程序
4	数据库	达梦应用库	系统数据存储
		Redis	内存数据存储
5	大数据存储	MINIO 对象存储	储存算法模型文件
6	公共组件	服务总线	调用数据服务
		统一权限	实现统一权限集成，单点登录
		日志服务	调用调控云统一日志存储规范
		厂站接线图服务	获取和展示厂站接线图信息
7	模型数据平台	模型数据服务	获取大电网网架结构及机组、储能电站、可调度资源等模型参数信息
8	运行数据平台	运行数据服务	获取大电网历史运行数据、新能源数据、气象数据等历史数据
		通用数据服务	获取调控云实测数据和台账数据
		展示服务	对全过程态势感知模块、全要素指标实时监测模块、全要素指标动态预警模块输出结果进行可视化展示

表 5-2 原生组件使用说明

序号	类别	组件名称	组件用途说明
1	前端框架	VUE	提供一种高度可组合、可复用和灵活的方式来构建前端应用
2	前端框架	Echarts	提供简单、灵活的方式创建各种交互式的数据可视化图表，并提供了丰富的定制和拓展功能，更好地展示和分析数据

序号	类别	组件名称	组件用途说明
3	后端服务框架	Spring boot	提供了一系列的组件和工具，包括自动配置、起步依赖、嵌入式服务器、Actuator 组件、数据访问组件、安全组件和缓存组件等，更加快速、便捷地构建基于 Spring 框架的应用程序
4	算法服务框架	Flask	提供了一系列的组件和工具，包括路由、模板引擎、文件上传与下载等，用于快速构建基于 Python 的算法底座
5	人工智能	Pytorch	提供了一系列的组件和工具，包括张量、自动求导、模型定义、损失函数、优化器、数据加载与预处理、分布式训练、计算图等，用于构建和训练神经网络模型。这些组件能够快速搭建深度学习模型，并通过反向传播自动求导等技术手段，优化模型参数以提高模型性能

2. 数据架构设计

数据架构设计应该列清楚所需要涉及的数据服务清单和数据需求，并且说明数据使用范围和目的，设计数据的组织结构、存储方式、访问方式和数据流动的规则等，旨在满足业务需求并提供高效、可靠、安全的数据管理和访问。根据需求，参照 2.1 对象建模方法，设计适合业务的数据模型，常见的数据模型包括关系型模型、文档型模型、图形模型等，选择合适的数据模型可以更好地满足业务需求；明确数据访问接口方式，可以使用 API、查询语言、数据仓库等方式进行数据访问。该设计过程需要确保数据的可靠性、一致性和高效性；数据存储方式，如可以选择关系型数据库、NoSQL 数据库、分布式文件系统等。以编写浙江电网全过程智慧调度应用上云方案数据架构为例，图 5-3 为该方案的数据架构。

该方案涉及浙江金华地区大电网网架、历史运行、新能源运行等相关数据，用于全过程智慧调度智能优化调度、智能运行预警、智能辅助决策等应用建设，详细数据需求见表 5-3。

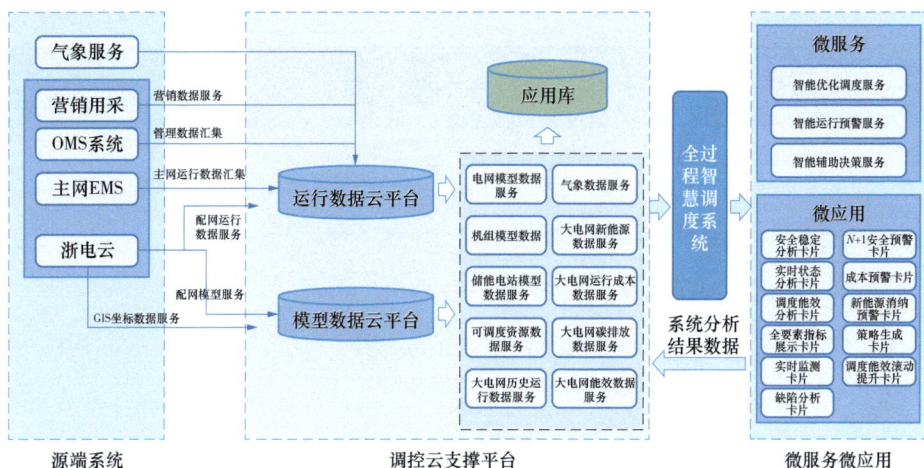

图 5-3　数据架构示意图

表 5-3　　　　　　　　　　数据需求清单

序号	数据项名称	数据范围	数据频度	数据用途说明
一	电网网架数据			
1	电网数据	金华	—	发电机位置、线路参数、电储能位置、电负荷节点位置、断面限额约束等
2	机组数据	金华	—	机组参数、运行约束等
3	储能电站数据	金华	—	储能电站参数、运行约束等
4	灵活负荷数据	金华	—	微网、虚拟电厂、电制热、电动汽车换电站容量等
二	历史运行数据			
1	电网运行数据	金华	≤ 1 min	节点实时电压、有功功率、无功功率
2	储能电站运行数据	金华	≤ 1 min	实时功率、荷电量
3	灵活负荷运行数据	金华	≤ 1 min	实时功率、电压
4	外来电数据	金华	≤ 1 min	实时功率、电压

续表

序号	数据项名称	数据范围	数据频度	数据用途说明
5	负荷数据	金华	≤ 1 min	实时功率
6	边界条件预测误差	金华	≤ 1 min	实时功率
7	机组检修计划	金华	—	
8	抽蓄计划	金华	—	
9	发电计划	金华	—	年度 / 月度 / 日度发电计划
三	新能源运行数据			
1	气象数据	金华	≤ 1 min	大气温度、光照、风速、湿度、雨雪等
2	新能源运行数据	金华	≤ 1 min	场站数据
3	新能源并网容量	金华	—	
4	新能源计划并网容量	金华	—	
5	新能源年度利用小时数	金华	—	

3. 硬件架构设计

硬件架构是指应用软件所运行的硬件环境，包括计算机、服务器、存储设备、网络设备等，硬件架构需要考虑应用的性能，确保应用能够快速响应用户的请求，同时能够处理大量的数据。虚拟资源申请时应遵循前后端分离的原则，前端展示层为 Web 展示页面，允许向全省发布访问链接并可以挂载到门户，但是不允许直接访问数据库；后端逻辑层允许直连数据库，但是不允许作为 Web 页面向全省发布界面。以编写浙江电网全过程智慧调度应用上云方案硬件架构为例，图 5-4 为该方案的硬件架构。

该方案需要虚拟机 4 台，2 台用于前端展示、2 台用于后端算法服务，应用数据库模式分配 1 套用于存储系统配置数据和分析结果，文件存储空间 1 套用于存储运算过程所需要的附件、算法模型等，如示例表 5-4。

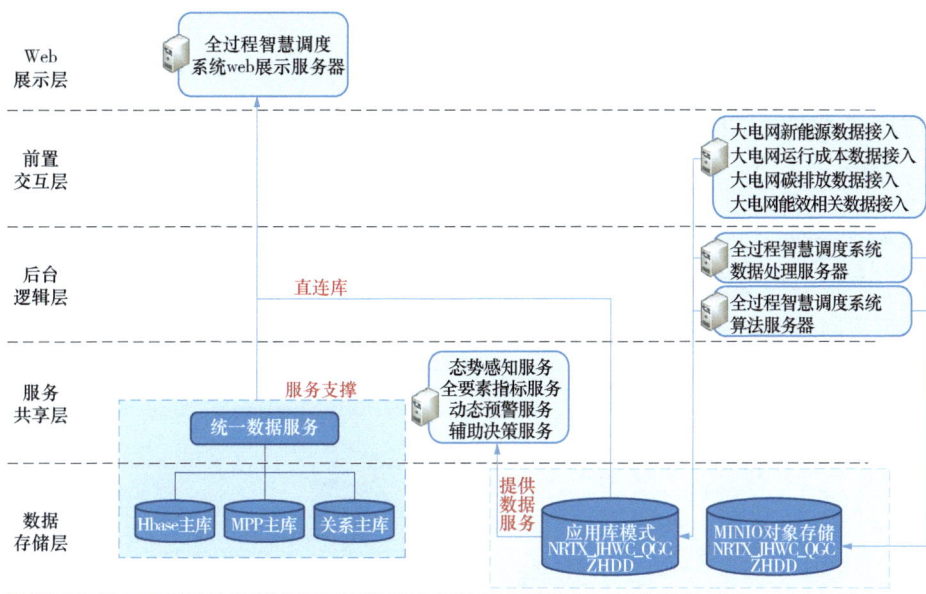

图 5-4 硬件架构示意图

表 5-4 资源需求清单

序号	类型	资源名称	规格说明	数量	用途说明
1	虚拟机	前端服务器	CPU：4C， 内存：4G， 数据盘：30G	2 台	前端服务、数据对接、后端业务
2		后端服务器	CPU：4C， 内存：8G， 数据盘：80G GPU：RTX 4090 24G 显存	2 台	算法服务
3	数据库	配置应用库	CPU：8C， 内存：16G， 数据盘：80G	1 套	用来存储系统运行过程中，全过程态势感知结果、调度方案预期效果、系统当前运行缺陷等功能的分析结果
4	存储	文件存储	MINIO：单一文件小于或等于 2M，桶空间小于或等于 50G	1 个	用于系统流程过程附件、e 文件和算法模型文件的存储

4.安全架构设计

阐明应用的安全防护框架体系，以及安全保护等级定级情况，明确描述应用部署方式与其他应用的关系，描述应用中各个组件之间的网络连接方式和通信协议，网络安全架构需要明确网络环境需求，主要涉及高可用、高性能、安全性、可扩展性、灵活性、自动化等需求，移动应用需具备网络架构图，其他应用可根据需要自行确认。以编写浙江电网全过程智慧调度应用上云方案网络安全架构为例，图 5-5 为该方案的网络安全架构。

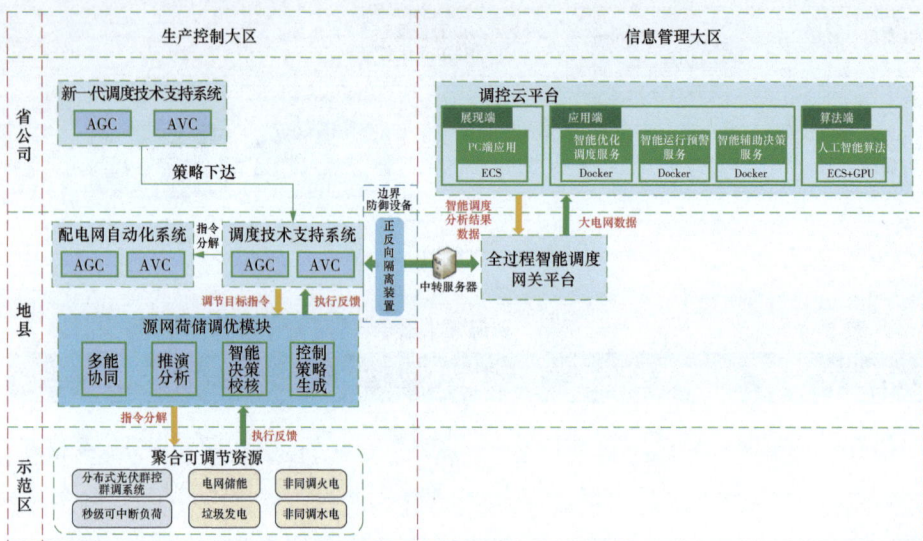

图 5-5 网络安全架构示意图

该方案主体应用部署在信息管理大区Ⅲ区省级电网调控云平台之上，通过地区部署调度网关机与地调Ⅰ区调度技术支持系统进行数据交互。参照《电力行业网络安全等级保护管理办法》（国能发安全规〔2022〕101 号），该系统安全保护等级定为二级（S2A2）。依据 GB/T 22239—2019《信息安全技术 网络安全等级保护基本要求》和《电力监控系统安全防护规定》（国家发改委第14 号令）以及公司相关要求，遵循"分区分域、安全接入、动态感知、全面防护"的安全策略，落实相应的安全防护措施。

5.2.2 资源申请分配规则

需求单位提出应用资源需求，应先严格评估项目建设规模、资源需求合理性，需求资源分配原则参照以下规格要求进行分配，见表 5-5。

表 5-5　　　　　　　　　　　资源分配基本原则

序号	类型	规格说明	应用范围
一	虚拟机分配原则		
1	标配虚拟机	CPU：4C，内存：4G，数据盘：30G	轻量级微应用部署
2	计算虚拟机	CPU：8C，内存：8G，数据盘：80G	用于计算型和逻辑处理服务器部署
3	超规格虚拟机	CPU：≤ 80C，内存：≤ 128G，硬盘：≤ 1T	用于特殊应用部署，小平台部署、组件类服务部署
二	应用数据库分配原则		
1	省调云数据库	CPU：4C，内存：8G，数据盘：30G	用于科技项目、非正式小系统，数据应用独立性强，系统允许中断 1 天以上
2		CPU：8C，内存：16G，数据盘：100G	
3		CPU：≤ 32C，内存：≤ 64G，硬盘：≤ 500G	
4	核心应用库	链接池：10，存储空间：50G	省地县一体化部署的核心应用库分配一个用户或者模式，系统不允许中断
5		链接池：50，存储空间：100G	
6		链接池：≤ 150，存储空间：≤ 1T	

续表

序号	类型	规格说明	应用范围
7	非核心应用库	链接池：10，存储空间：50G	省地县一体化部署的非核心应用库，分配一个用户或者模式，系统允许中断半天以上
8		链接池：50，存储空间：100G	
9		链接池：≤150，存储空间：≤1T	
10	地区应用库	链接池：10，存储空间：50G	仅满足地区个性化应用部署，分配一个用户或者模式，系统允许中断半天以上
11		链接池：50，存储空间：100G	
12		链接池：≤150，存储空间：≤1T	
13	MPP分布式存储	链接池：10，存储空间：100G	大数据存储分析数据存储
14		链接池：20，存储空间：500G	
15		链接池：≤100，存储空间：≤2T	
三	文件存储分配原则		
1	minio对象存储	单一文件：≤2M，桶空间：≤50G	用于系统流程过程附件、e文件。分配给应用厂商限制
2		单一文件：≤30M，桶空间：≤10T	专项存储，如录波文件、数值气象文件等

5.2.3 资源申请模板说明

资源申请按照种类分成虚拟资源申请、数据资源申请、存储资源申请等资源需求类申请和防火墙策略授权、服务授权、数据表授权等授权类申请，每种资源申请模板如下：

1. 虚拟机申请

虚拟机申请需要重点描述虚拟机用途和应用名称、虚拟机规格需求说明，虚拟机使用有效期，如果是孵化站点测试虚拟机，一般有效期为 6 个月，试运行虚拟机有效期为 12 月，正式投运后虚拟机有效期为永久，申请单见表 5-6。

表 5-6 　　　　　　　　　　　　　虚拟机申请单

应用名称		有效期	
所属科室		负责人及联系方式	
实施厂商		联系人及联系方式	
体系架构			
虚拟机需求清单				
序号	站点	虚拟机名称	规格说明	用途说明
1				
2				
3				
4				
5				
6				
访问数据库	□关系主库　　□应用库　　□ MPP 数据库　　□ HBase 数据库			
申请时间		申请专业签字	
孵化站点意见		孵化站点签字	
部署站点意见		部署站点签字	
省调自动化意见		省调自动化签字	

2. 数据资源申请

数据资源申请应明确描述应用名称、应用简述，初步了解数据需求的必要性，然后按照每个数据项进行展开描述数据名称、数据用途说明、获取方式、授权 IP 等信息，申请单见表 5-7。

表 5-7 数据资源申请单

应用名称			有效期		
所属单位			负责人及联系方式		
实施厂商			联系人及联系方式		
应用简述					
调控云站点					
数据需求清单					
序号	数据名称	获取方式	数据用途说明	数据频度	授权 IP
1					
2					
3					
4					
5					
申请时间			申请专业签字		
孵化站点意见			孵化站点签字		
部署站点意见			部署站点签字		
省调自动化意见			省调自动化签字		
申请专业签字			孵化站点签字		

3. 存储资源申请

存储资源申请按照不同存储类型关系主库、应用库、MPP 数据库、分布式文件存储进行存储容量评估，按照数据存储的频率和存储规模分配存储容量、访问链接数以及运维 IP 地址，申请单见表 5-8，其中用户名或模式名应遵循命名规范要求，格式为厂商 _ 单位部门 _ 应用名称，如：HY_ZDH_YXDN。

表 5-8   存储资源申请单

应用名称		应用负责人	
所属单位		负责人及联系方式	
实施厂商		联系人及联系方式	
调控云站点			
存储类型	□ 关系主库　□ 应用库　□ MPP 数据库　□ 分布式文件存储		
存储容量评估说明			
容量规格		用户名（模式名）	
访问连接数		运维 IP	
申请时间		申请专业签字	
部署站点意见		部署站点签字	
省调自动化意见		省调自动化签字	

4. 数据表授权

对于某些应用场景存在直连库访问需求的，需要先详细描述直连数据库的原因描述，然后根据业务边界和管理职责要求，对数据表授权管理，分配查询、新增、删除、修改权限，申请单见表 5-9。

表 5-9   数据表授权申请单

应用名称				有效期			
所属单位				负责人及联系方式			
实施厂商				联系人及联系方式			
直连库原因说明							
授权数据库				授权用户			
序号	模式名	表中文名	表英文名	查询	新增	删除	修改
1				□	□	□	□
2				□	□	□	□

续表

序号	模式名	表中文名	表英文名	查询	新增	删除	修改
3				☐	☐	☐	☐

申请时间		申请专业签字	
孵化站点意见		孵化站点签字	
部署站点意见		部署站点签字	
省调自动化意见		省调自动化签字	

5. 元数据扩表申请

对于省级应用需求要的私有元数据扩表申请，需要先描述扩表的理由，并对每个字段、类型确定后才能对主库进行扩表处理，申请单见表 5-10。

表 5-10　　　　　元数据扩表申请

应用名称		有效期	
所属单位		负责人及联系方式	
实施厂商		联系人及联系方式	
扩表理由			

序号	表中文名	表英文名	属性名	英文属性名	数据类型
1					
2					
3					
4					

申请时间		申请专业签字	
孵化站点意见		孵化站点签字	
部署站点意见		部署站点签字	
省调自动化意见		省调自动化签字	

5.2.4　资源评估及反馈

站点管理员针对需求单位提出的资源信息进行评估，重点评估硬件资源需求、数据存储空间、前后端网络分离等合理性，具体资源评估内容如下：

（1）硬件资源评估：根据资源申请提供 CPU、内存、硬盘等主要参数的虚拟机、物理机或其他硬件资源的需求，资源配置应确保适配系统正常运行，严禁将虚拟机作为文件存储、公共组件、数据库等用途。

（2）存储资源评估：根据提供的预计存储容量情况，包括连接数、数据增长速率等信息，以及账号权限需求，提供模式及私有表数量需求等，按照模型数据镜像、运行数据不搬家的原则，严禁将大批量的运行数据存储到本地应用库。

（3）网络资源评估：按照前后端分离的原则，评估各个虚拟机前后端网络需求，前端应用严禁直连数据，后端处理服务器严禁对外发布访问，按照防火墙或横向隔离等配置策略要求，以最小化的网络访问控制策略减少信息对外暴露面。

（4）数据服务评估：针对具体应用系统的数据服务，评估现有资源配置是否满足其需求。对于应用使用频次、数据密度等信息进行评估，避免服务资源浪费，必要时需要限制访问次数。

站点管理员对需求方案、资源申请单进行分析评估后提交省调自动化处确认分配，预分配的硬件、数据库、网络、服务等资源清单反馈给资源申请者，并要求申请者严格在分配的资源范围内进行应用建设。

5.3　集成测试

5.3.1　部署环境准备

为了便于研发单位在调试测试时更加贴近于实际生产环境，数据层每个季度从生产库同步数据到孵化 C 站点，并进行数据脱敏，在服务层面提供生产环境克隆复制到 C 站点，在应用部署层面提供轻量级的虚拟和调试机进行开发调试。

应用建设单位根据 C 站点提供的虚拟机、调试机、服务清单部署测试版本应用，集成测试省级电网调控云所需要的门户集成、服务调试、日志监视等功能。

5.3.2　应用集成开发

应用开发应符合软件工程有关规范，严格遵循省级电网调控云安全三区研发相关的技术政策。应用程序代码应结构清晰、合理，命名规范、易懂，注释完整、详细，在满足功能需求以及安全的前提下兼顾效率。

项目建设单位负责应用开发过程中的技术管控，并常态化组织应用研发过程检查，进行全过程的技术和质量监督，对于违反省级电网调控云技术路线或技术架构的，应及时纠正；项目承建单位应建立符合省级电网调控云要求的研发测试环境开展开发工作，实现对代码、文档统一集中管理，并具备代码签名机制，确保代码可追溯，对发现的问题应按照问题管理要求落实整改。

5.3.3　应用多方测试

省级电网调控云应用测试包括出厂测试、现场测试和第三方测试等。

应用出厂测试应从功能、性能、安全等方面进行，由承建单位的出厂测试团队负责，测试团队应配备专用的测试工具，按照相关测试标准开展出厂测试工作，形成出厂测试报告。

现场测试应组织关键用户、运维单位参加，重点检查应用功能是否满足用户实际需求。现场测试包含应用安装、功能、性能、安全性、兼容性、可用性等。

第三方测试应由项目承建单位负责委托具备资质的第三方机构进行功能与非功能、源代码、安全等方面的测试。

5.4 应用发布

5.4.1 试运行申请报告

应用建设申请人提交试运行申请单，关联设计方案及资源需求申请单，填写应用基本信息及上传相关文档，包括但不限于第三方测试报告、用户手册、接口文档、部署手册等，应用管理员在对试运行申请进行审核通过后，开展资源分配及部署实施工作，申请报告见表5-11。

表 5-11　　　　　　　　　　　试运行申请报告

基本信息			
单位		申请部门	
应用名称		计划试运行时间	
所属单位		负责人及联系方式	
实施厂商		联系人及联系方式	
系统测试及资源申请单			
权限集成认证	□已完成　□未完成	日志集成调试	□已完成　□未完成
服务调用集成	□已完成　□不需要	功能测试情况	□已通过　□未通过
上线资料情况	□部署手册　□技术方案　□测试报告　□其他资料_____		
测试资源评估			
生产资源需求	（资源申请单格式与临时资源申请格式一致）		
应用使用范围	□省级应用　□省地县应用　□地级应用_____		
部署站点说明	□A站点　□B站点　□D站点		
申请时间		申请专业签字	
孵化站点意见		孵化站点签字	
部署站点意见		部署站点签字	
省调自动化意见		省调自动化签字	

5.4.2　资源分配及发布

站点管理员根据试运行申请报告评估所需要的软硬件资源、数据库及数据服务资源的合理性，并分配满足试运行条件的资源，对于新增公共数据表应该进行再次核实评审并提供相应的脚本对数据表进行扩表，具体部署发布要求如下：

（1）对于测试环境下运行情况应据实评估，按照生产环境略大于测试环境的基本原则，对资源合理性开展综合评估。

（2）资源分配完毕后，应用建设单位应将孵化站点部署的系统平移到生产环境，对于测试环境下做出的调整应提供脚本，交由站点管理员审核后执行。

（3）部署到生产环境后应该提供相应的防火墙策略需求、域名分配、门户挂接等申请，申请单格式详见以下要求。

1. 防火墙策略申请

防火墙策略申请应该根据业务应用使用范围需求，开通相关的防火墙访问策略，应明确源端应用的端口和目标访问者的端口或者协议，对于敏感端口应该进行规避，申请单见表 5-12。

2. 域名申请

域名授权申请应在系统具备试运行条件的应用，向省调提出域名分配需求，申请单见表 5-13。

表 5-12　　　　　　　　　　防火墙策略调整申请单

申请人		联系方式	
申请单位（部门）			
简要说明何种应用因何种原因需调整防火墙规则			
防火墙规则配置详细列表：			

续表

源地址	源端口	目标地址	目标端口 / 协议			操作
			ICMP	TCP	UDP	

有效期限	年　月　日　时　分 — 年　月　日　时　分
申请部门意见	签字：_____ 日期：_____
受理人	受理时间
防火墙管理员	签字：_____ 日期：_____
处理结果	

表 5-13 　　　　　　　　　　　域名申请单

应用名称		应用负责人	
所属单位		负责人及联系方式	
实施厂商		联系人及联系方式	
申请人		所在科室（公司）	
应用访问地址			
应用访问域名			

续表

应用功能简述			
申请时间		申请专业签字	
部署站点意见		部署站点签字	
省调自动化意见		省调自动化签字	

其中域名命名规范应参照国网域名命名规范要求，如图 5-6 所示，省级电网调控云子域为例域名后缀为 dcloud.zj.dc.sgcc.com.cn，业务应用域名遵循业务应用命名规范要求，格式为应用名称 – 单位部门 – 厂商，再加上调控云域名后缀，如：yxdn-zdh-hy.dcloud.zj.dc.sgcc.com.cn。

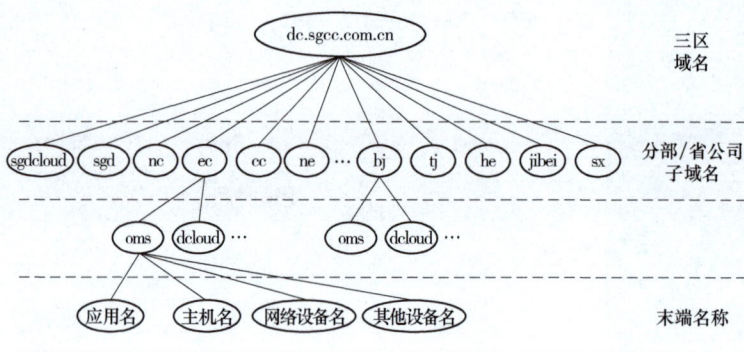

图 5-6　域名命名规则

3. 门户挂接申请

门户挂接申请之前应先申请域名，如果是原域名基础上扩展应用，可以不需要重新申请域名，应用分类严格参考省级电网调控云应用划分规则进行归类，申请单见表 5-14。

表 5-14　　　　　　　　　　门户挂接申请单

应用名称		应用负责人	
所属单位		负责人及联系方式	
实施厂商		联系人及联系方式	

续表

应用名称缩写	注意：控制在 6 个汉字以内	有效期	
应用功能简述			
应用访问地址			
应用访问域名			
应用所属大类	□ PaaS □ SaaS □ IaaS		
应用所属小类	注意：在当前门户分类里选择，例：导航		
应用授权	注意：注明该应用分配给哪些人，例：省调自动化		
应用所属小类顺序	注意：注明应用放置所属小类的顺序，例：放在 GIS 导航后面		
申请时间		申请专业签字	
省调自动化意见		省调自动化签字	

5.4.3 试运行部署总结

在开展实施工作前，专业处室应组织项目建设单位编制实施部署方案，项目建设单位根据方案跟踪应用实施计划，监督实施质量、投资、进度和目标的实现情况。还应组织项目承建单位开展系统应用及运行维护人员的培训工作，编写用户操作手册，并进行知识转移工作，确保用户有效掌握信息系统及其操作、运维知识。

运维人员在应用实施过程中，应提前参与实施工作，并负责应用试运行后运营支撑工作，常态开展应用问题、需求收集和应用数据分析，深挖应用功能、应用成效、用户体验等方面问题和薄弱环节，提出功能完善需求。

应用试运行期间，应用管理员和应用建设申请人进行应用运行监视、调试、备份和记录检查应用运行情况，最终形成试运行总结报告。

5.5 上线运行

5.5.1 正式上线申请

应用建设申请人提交正式上线申请，关联试运行申请单和试运行总结报告，增加正式运行使用用户范围、主要使用时段和频率、申请正式上线时间、应急保障联系人联系方式、资源使用情况评估单等。

专业负责人批复正式上线时间，通过试运行总结分析报告和试运行资源使用情况分析报告，评估生产环境资源需求合理性，如果不同意，填写驳回修改意见，返回应用建设申请人重新提交申请，同意则填写批复意见送省级电网调控云站点管理员进行资源确认，申请单见表5-15。

表 5-15   正式上线申请单

应用名称		应用负责人	
所属单位		负责人及联系方式	
实施厂商		联系人及联系方式	
应用功能简述			
系统部署位置		紧急联系人及方式	
系统应用范围		系统使用频率	
应用使用权限			
运行资料情况	□应急预案　　□数据备份与还原　　□运维方案　　□管理员手册 □其他资料_____		
资源使用说明			
站点评估意见		部署站点签字	
上线申请时间		申请专业签字	
省调自动化意见		省调自动化签字	

5.5.2　验收上线运行

系统建设单位应该按照要求提交上线运行所需要的资料，站点管理员根据正式上线申请单评估试运行期间资源使用情况，核实应用使用范围和访问权限，具体要求如下：

（1）应用管理处室组织专家评审小组对应急预案、数据备份与还原、运维方案、管理员手册等资料进行审查，根据应急预案模拟演练出现异常后的应急处置流程，并明确应用运维责任主体和责任边界。

（2）应用管理处室检查应用系统部署位置、配置文件存储位置，对试运行系统进行漏洞扫描，根据等保测评要求加固系统，检查防火墙策略、用户授权、门户入口是否正确，确保应用正常使用。

（3）站点管理员对试运行期间资源情况进行总体评估，对于浪费资源和资源使用较少的虚拟资源要进行重新评估后调整资源，对于确实资源不足的给予资源补强。

（4）站点管理员对试运行应用，在试运行期间的使用流量结合应用专业实际应用情况进行综合评估，对于使用频度高，受众广的应用加快正式上线流程，对于使用频度不高的应用，逐步回收资源或者下线处理。

5.6　升级运维

5.6.1　升级更新

应用的统一版本升级发布，由运维人员测试通过后，申请升级更新时间段。应用微服务发布，必须完成接口变更说明清册的编写，且由相关厂商协同验证接口无误后，方可开展更新，应用升级应向站点管理员提交应用升级申请单，详见表5-16。

表 5-16 应用升级申请单

应用名称		应用负责人	
所属单位		负责人及联系方式	
实施厂商		联系人及联系方式	
工作实施范围			
升级前版本		升级后版本	
版本升级内容			
影响范围分析			
升级准备资料	□升级方案　　□应急回退方案　□功能测试报告　□安全检测 □其他资料_____		
升级开始时间		升级结束时间	
申请人签字		专业处室签字	
部署站点意见		部署站点签字	

5.6.2 运维消缺

日常巡检发现的故障、缺陷，或者用户使用中出现的问题，运维人员应及时进行汇总跟踪直至完成消缺，对于一些突发性问题需要对应用进行排查定位，需要向站点管理员提交紧急运维单，详见表 5-17。

表 5-17 紧急运维申请单

应用名称		应用负责人	
所属单位		负责人及联系方式	
实施厂商		联系人及联系方式	
工作实施范围			

续表

检修运维原因	
检修前准备工作	
检修操作步骤	
应急回退方案	

计划开始时间		计划结束时间	
申请人签字		专业处室签字	
部署站点意见		部署站点签字	

5.6.3　运行评估

对正式上线应用进行综合评估，定期对资源使用情况、用户使用热度，运行效率、故障率等问题进行分析。

第 6 章

运维保障

调控云运维体系主要涉及云基础设施、数据、应用等的部署、运营和运维。省级调控云可设置三级运维体系，涵盖一线、二线、三线运维，采用值班、常驻、按需三种模式，遵守运维安全管理要求，采用堡垒机等安全运维技术，在安全可控的前提下完成平台、数据、应用等各层级运维任务，保障调控云平台运行可靠、数据完整准确、应用功能稳定。

本章以浙江省级电网调控云为例对省级电网调控云运维组织、各层级运维保障及安全管控进行了阐述，通过省级电网调控云运维体系详细介绍，指导云上建设人员快速了解云上运维流程及要求。

6.1 运维组织

浙江省级电网调控云运维按照紧急和难易程度分为一线运维、二线运维、三线运维，构建完整的省级电网调控云运维体系，如图 6-1 所示，各级运维模式和责任要求如下：

一线运维采用值班模式，统筹协调各方资源，接听使用者问题反馈、常规业务咨询问答、系统巡视监视等工作，当平台、应用、数据出现故障时，第一时间应急处置，跟踪反馈，无法解决的问题转交给二线运维处理。

二线运维采用常驻模式，非值班期间按 IaaS、PaaS、SaaS 和数据四个方面分工，开展系统级别的巡检、安全加固、平台升级优化，日常的资源分配、数据质量管控等工作，分析一线运维转交的问题，无法解决的问题联系原厂的资深专家，向资深专家寻求技术支持，同时二线运维人员兼任一线轮流运维值班人员，使得一、二线运维体系能够相辅相成。

三线运维采用按需模式，由硬件、平台、数据库、应用等原厂资深专家组成，当系统出现二线运维人员无法解决重大问题，资深专家需要协同二线运维人

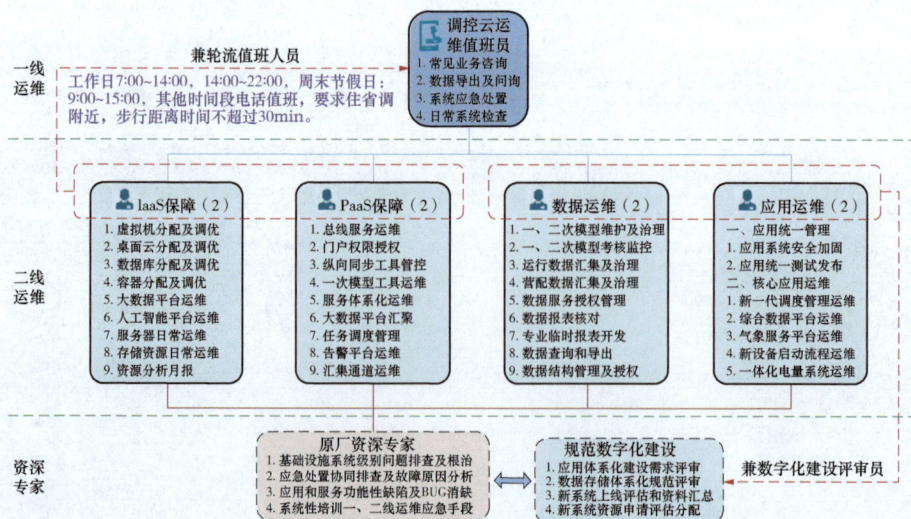

图 6-1 某省级电网调控云运维体系

员及时解决问题，在远程指导无法消除问题时应在规定时间内达到现场，事后应深度分析原因，进行消缺整治，协助二线运维应查漏补缺进行知识库完善。

6.2　平台运维

6.2.1　平台设备运维

平台基础设备运维应定期对运行设备进行日常巡检、数据灾备、运行分析，及时发现基础设施问题，对发现的软硬问题进行跟踪处置，确保平台硬件设备运行稳定，主要运维工作包括：

（1）日常巡检：制定巡检计划和巡检标准，定期对设备运行状况进行巡视和检查，形成巡检记录，对于巡检过程中发现的异常进行深度分析，安排原厂进行消缺。

（2）备份恢复：对于运行设备关键配置信息、运行策略等信息定期进行数据级别备份，定期对数据备份文件进行检查和数据备份恢复测试，出现数据级故障时进行数据恢复处理。

（3）监视分析：通过监控工具、脚本的安装部署及调试编制，对硬件设备的运行状态及配置信息进行监护及更新，及时对设备的运行参数（策略）进行优化，定期统计分析故障与告警、运行数据、日志等，并形成运行分析报告。

（4）更新升级：根据日常巡检和运维过程中累积的问题进行迭代更新，制定系统升级计划和安全措施，按照作业计划和工作票流程进行版本升级、重要补丁更新维护，对于紧急问题进行支持和处理，并形成故障分析报告。

（5）设备维修：对于超过原厂质保期后，由专业第三方或原厂商提供有偿的备品备件保障及技术支持服务，在硬件设备故障维修前编写相关的安全措施和操作流程，通知相关的配合厂商和用户，协同开展硬件故障维修工作。

6.2.2　平台组件运维

平台组件运维主要是通过对组件运行状态实时监测与分析确保云平台各

类组件运行稳定，通过合理分配云上应用所需要的虚拟资源、数据资源、服务资源支撑各类应用可靠运行，主要运维工作包括：

（1）日常巡检：针对省级电网调控云平台虚拟化云平台、各类公共组件、数据库存储体系等平台组件运行特性，制订详细的巡视检查工作项和巡视标准，确保各类组件运行状态和运行效率正常。

（2）实时监视：通过资源管控平台广泛接入各个平台组件运行日志和告警信息，对云平台的运行状态、流量、配置、操作等信息进行监测，通过数据分析，及时对云平台的运行参数进行优化。

（3）优化扩容：根据虚拟化云平台资源使用情况，对云平台的资源进行调配优化、安全策略调整提高资源利用率，按照业务运行需要扩展主机、存储、网络等硬件设备接入云平台。

（4）资源分配：根据业务运营需要，规划虚拟机镜像、虚拟化网络、安全运行组件、云存储体系、数据服务体系，按照业务应用资源需求，按需分配或回收虚拟资源、存储资源、数据资源。

（5）运行评估：对需要上云的应用资源需求进行评估，提供上云实施技术支持和资源权限评估等工作，对云平台资源使用情况跟踪和计量，给资源使用绩效评估提供依据，提高资源利用率。

（6）安全加固：对省级电网调控云平台、虚拟机、交换机、数据库、服务器主机等进行安全加固，对于高危端口采取关闭措施、对于弱口令和密码策略进行调整加固、对于平台访问控制进行策略加固。

6.3 数据运维

6.3.1 业务数据运维

按照"电网模型分工维护、运行数据分布采集、业务数据全系存储、应用数据按需共享"的原则，开展各类数据的管理、维护、应用和同步。建立电厂、运检部门、各级调度各司其职，涵盖规划－基建－运行－退役全过程的一二次设备模型管控体系，主要运维工作包括：

（1）模型维护及治理：建立贯穿模型全生命周期维护管理体系，确保模型数据结构及数据字典与国分云保持一致，按需扩充省级电网调控云数据结构，制订模型维护规则和治理标准，保障模型参数和设备状态及时同步国分云。

（2）数据汇集及治理：汇集省级单位主配营全网运行数据，贯通主网、配电网、营销台区数据关联，建立数据与设备对象映射关系，制订数据校验和治理标准，对丢失数据或数据延迟过高区域及时发出补召任务并查找原因，保障运行数据及时同步国分云。

（3）数据传输与监视：针对数据传输链路的调度和分配进行配置管理，对传输链路负载情况、数据传输速率、数据传输完整性、数据传输及时性等进行实时监视，以保证数据传输的高效性和安全性。

（4）服务发布与维护：通过可视化界面进行服务部署相关的资源配置、环境设置、参数设置并进行统一发布和全过程管控，对与关联系统的服务接口进行调试、接口配置、接口发布、接口变更等级联保障等维护工作。

（5）报表定制及核对：根据业务运营需求，临时开发符合用户要求的报表模板，供用户使用和推广，同时确保检查报表模块功能正常，报表数据自动校验是否正常，对数据偏差异常原因进行分析核查。

（6）数据查询及授权：根据应用数据查询需求，按需将部分表或者部分字段的读写权限通过数据服务提供读写服务，同时能够按照不同用户数据查询需求，通过数据查询和导出功能为用户提供需求数据。

6.3.2　数据库级运维

对数据库级别的运维需要具备良好的数据库管理和维护技术，熟悉数据库备份与恢复、性能优化、安全管理等方面的知识，能够定期对数据库进行配置优化、备份策略选择及实施、数据恢复、数据迁移、故障排除、预防性巡检等一系列服务。

（1）备份还原：制订详细的备份还原计划，定期对数据库进行全量备份和增量备份，采用独立存储设备存放备份文件，对于重要业务表采用整表按照时间节点定期备份，定期对所有备份文件进行还原测试确保备份的可用性。

（2）同步管理：为了确保生产环境和测试环境绝对隔离，需要独立搭建孵化测试环境，定期从生产数据库同步全量业务数据到测试环境，同时为了提高数据统计分析效率，需要定期将不同类型的数据同步到分析型数据库。

（3）访问控制：定期检查每个用户访问链接数据，按规定一般应用链接数不超过 50 个，对于访问链接数比较大的应用采取访问控制策略并进行原因分析，设置每个用户访问数据表的权限控制范围，确保用户权限隔离。

（4）性能调优：定期对 SQL 查询日志进行分析，对于执行时间过长的 SQL 语句进行分析和调优，对于高频访问的 SQL 语句采用二级缓存技术，减少对数据频繁访问，对于大批执行删除、更新类操作加强风险控制策略。

（5）故障排查：当数据库访问异常的时候，要先检查数据库双活运行状态，再检查数据库的端口、监听器和网络设置，仔细分析数据库的日志文件，如事务日志、错误日志等，查找任何与故障相关的异常记录。

（6）安全审计：通过对用户访问数据库行为的记录、分析和汇总，通过大数据搜索技术对事件进行追根溯源、定位事件原因，生成合规报告、审计报告，加强数据库网络行为的监控与审计，提高数据资产安全。

6.4 应用保障

6.4.1 应用运维模式

省级电网调控云应用运维通过堡垒机运维模式，该模式加强了对应用系统相关联的服务器的访问控制、监控和审计，减少内部和外部威胁对敏感数据和系统的风险，同时提供了更好的可追溯性和合规性。运用各种技术手段监测和记录运维人员对网络内的服务器、网络设备、安全设备、数据库等设备的操作行为，可以方便地进行集中报警、实时处理及事后审计。

（1）访问控制：通过运维堡垒机实施强大的访问控制机制，限制了运维人员对敏感系统的直接访问，有助于防止未经授权地访问和滥用。

（2）会话管理：通过运维堡垒机可以监控和记录运维人员的访问会话，包括命令、操作和交互，有助于追踪活动，及时检测异常行为，并在必要时采取措施。

（3）审计与日志：通过运维堡垒机可以记录运维人员访问活动的详细日志，包括操作人员、时间、操作事件等信息，为安全团队提供了审计能力，以便进行调查、合规性检查和应急响应。

（4）多因素认证：运维堡垒机通常支持多因素认证，要求运维人员在访问敏感系统时提供多个验证因素，例如密码和一次性验证码，安全性进一步增强。

（5）跳板机制：运维人员通过连接到运维堡垒机访问其他系统，这种机制称为跳板，通过跳板机制直接访问敏感服务器的需求减少，降低了攻击表面。

（6）访问权限审批工作流：运维堡垒机可以实现访问请求的审批流程，确保只有经过授权的运维人员才能获得访问权限，有助于规范访问管理，减少潜在的人为失误。

（7）自动化运维任务：部分运维堡垒机提供自动化工具，可以简化常见的运维任务，如批量执行命令、更新软件等。

6.4.2　应用运维范围

省级电网调控云应用运维应确保系统运行正常，通过运行监视工具实时监测应用运行状态和关键业务数据正常，定期对应用进行巡检、故障排查、功能升级、安全加固、集成数据运维等工作，定期开展应用培训提升应用使用交付能力。

（1）运行监视：通过监控工具、脚本的安装部署、调试编制及运行日志分析，对应用的运行状态及配置信息进行监测，通过数据分析，及时对应用的运行参数或策略进行优化。

（2）系统巡检：定期对应用进程状态、应用登录功能、关键应用界面、数据合理性、界面展示效果等进行巡视和检查，定期对应用运维配置项进行收集更新，并形成巡检记录。

（3）事件处置：对应用故障、缺陷等进行分析诊断，提供解决方案并进行处理，包括故障缺陷发现、测试评估、排查处理故障、事件及故障分析等，对用户反馈的问题进行汇总、归纳、总结。

（4）应用升级：根据应用升级规范要求准备部署脚本、数据库调整策略、环境配置变更说明、升级影响范围，并对应用版本升级所涉及的升级包测试、升级部署执行、升级验证等工作。

（5）集成运维：协助与关联系统的接口配置、数据传输等操作，对已接入数据在传输、使用、存储等流转过程中及时性和完整性进行技术保障，并根据安全工作要求，配合完成应用安全提升工作。

（6）业务咨询：解决用户关于应用使用过程中存在的问题和业务咨询，包括客户端安装、操作指导、基础数据维护、后台事务处理等工作，对于用户提出的应用变更需求反馈给厂商进行优化完善。

（7）运维培训：编制应用使用手册和日常运维手册，根据需要定期开展应用运维技术和应用使用培训工作，培训对象为该应用运维人员、使用人员，内容包括应用使用、应用运维等。

（8）特殊保障：针对业务周期性较显著的应用，在重大活动、重要节日、重点工作期间或业务高峰期为保障应用高可靠性进行专项保障，不包括日常业务操作培训、应用操作指导等协助工作。

6.5　安全管控

6.5.1　人员管控

严格执行作业人员安全准入制度，工作负责人必须具备相应的专业技能并经过设备运维单位发文，履行工作负责人职责，做好现场安全管控。外单位工作人员作为工作班成员，应纳入作业人员准入体系，通过安规考试，签订保密协议，接受必要的网络安全教育，规范现场操作，严禁违规接入设备、非法外联等行为。工作负责人要核实外来人员身份，防止社会工程学攻击，全程监督作业人员行为，做好保密工作，发现异常及时阻止，并上报主管部门。

6.5.2 作业管控

省级电网调控云检修及安装调试工作，应遵守国家电网公司发布的《电力安全工作规程（电力监控部分）》相关要求，填用电力监控工作票或任务单，根据具体工作内容，细化安全措施。

现场检修或安装调试工作，通过运维堡垒机接入系统，建立运维审计机制，实现程序修改、数据库修改、文件修改、文件删除、文件复制等操作审计。运维堡垒机应接入网络安全管理平台，纳入网络安全监测体系。运维人员必须使用专用调试计算机、专用移动存储介质，严格控制工作范围和权限，严禁非法外联及违规接入。

涉及联网的安装调试工作，须由现场工作负责人向自动化网安值班人员汇报，汇报内容至少应包括对自动化设备、网络安全的影响，同意后方可开始。现场安装调试过程中如发生意外情况，应立即采取紧急措施，并向自动化网安值班人员汇报。当出现网络安全事件时，运维单位应根据应急预案采取紧急防护措施，对受影响设备进行隔离处理，防止事件扩大。

附录 1

省级电网调控云数据目录

附表 1-1 公共模型数据目录

序号	资产分类	资产名称	重要资产属性
1	公司	公司	ID，名称，公司类型，上级公司，地址，运行状态
2	公司	电网公司	ID，名称，公司级别，上级公司，地址，运行状态
3	公司	发电公司	ID，名称，公司级别，上级公司，地址，运行状态
4	公司	设备供应商	ID，名称，资产性质，供应物资类型，地址，运行状态
5	机构	调控中心	ID，名称，所属公司，上级机构，机构级别，交流输电统计，直流输电统计，发电统计，直流统计，装机容量统计
6	机构	检修机构	ID，名称，所属公司，电子邮箱，电话，关联变电站，关联换流站
7	机构	通信调度机构	ID，名称，所属公司，上级机构，机构等级
8	机构	发电厂机构表	ID，名称，所属公司，机构等级，电话，关联发电厂
9	处室	调控中心内设处室	ID，名称，所属调控中心
10	处室	发电厂机构内设部门表	ID，名称，所属发电厂机构
11	人员	岗位	ID，名称，所属部门机构，岗位级别，对应专业
12	人员	人员	ID，姓名，所属部门机构，所在岗位，职称，照片，人员类型
13	水文	河流	ID，名称，多年平均流量，天然落差，流域，行政区域，总长
14	水文	水库	ID，名称，死库容，死水位，正常蓄水位，防洪水位，所在河流，多年平均流量，运行水位
15	水文	抽蓄水库	ID，名称，上下水库库容，上下水库死水位，上下水库最高水位
16	气象	气象站点	ID，名称，经纬度，海拔，地址，流域

续表

序号	资产分类	资产名称	重要资产属性
17	气象	台风	ID，名称，登录地点，开始时间，结束时间，实时数据（路径，风力，风圈），预测数据（路径，风力，风圈）
18	煤矿	煤矿	ID，名称，所属公司，行政区划
19	煤矿	煤场表	ID，名称，所属发电公司，设计储煤容量
20	环境	山脉	ID，名称，海拔，最高峰
21	环境	铁路	ID，名称，铁路类型，途径城市
22	环境	公路	ID，名称，公路类型，途径城市，全长

附表 1-2   主网模型数据目录

序号	资产分类	资产名称	重要资产属性
1	电网	电网	ID，名称，电网级别，上级电网，交流输电统计，换流统计，直流输电统计，发电统计，变电统计，电力电量统计，火电数据统计，分布式风电数据统计，储能及其他数据统计，外送断面电量数据统计，核电数据统计，分布式太阳能数据统计，电网运行指标统计
2	拓扑	电网拓扑关系	设备 ID，首节点，末节点，生效时间，失效时间
3	发电	发电厂	ID，名称，接入电网，所属电力公司，所属调度机构，所属发电公司，运行状态，电厂类型，资产类型，行政区划，经纬度，发电厂电压等级统计信息，发电厂统计信息，发电厂涉网试验信息，发电厂并网调度协议，发电厂项目核准文件
4	发电	水电厂	ID，水库，河流，水电厂类型，单机最大发电流量，水头，年平均发电量
5	发电	火电厂	ID，锅炉台数，核定装机容量，煤场储煤容量，燃料类型
6	发电	核电站	ID，名称，所属公司，电子邮箱，电话，关联变电站，关联换流站

续表

序号	资产分类	资产名称	重要资产属性
7	发电	新能源电站	ID, 储能容量, 设计利用小时数, 并网变电站, 风机台数, 逆变器台数, 无功补偿容量
8	发电	抽水蓄能电站	ID, 设计利用小时数, 下水库, 发抽效率比, 上水库
9	发电	发电机	ID, 名称, 所属厂站, 冷却类型, 燃料类型, 并网等级, 机组类型, 额定容量, 静态参数, 常规发电机、抽水蓄能发电机、风力发电机、燃气发电机等类型发电机详细参数
10	发电	发电机 – 变压器组	ID, 名称, 所属厂站, 电压等级
11	发电	风电场	ID, 并网变电站, 设计利用小时数, 风机类型, 风机台数, 风电布置类型
12	发电	光伏电站	ID, 并网变电站, 设计利用小时数, 逆变器台数, 额定容量, 滤波器, 并网母线
13	发电	燃煤电厂	ID, 供煤煤场, 是否应急储备电源, 是否坑口电厂, 电厂供煤性质, 供煤方式
14	发电	燃气电厂	ID, 供气方式, 供暖装机容量, 供暖装机台数, 是否设计供暖, 电厂用途
15	发电	电化学储能电站	ID, 额定功率, 额定能量, 并网方式, 储能介质类型, 储能布置方式, 运维单位电化学储能电站统计信息, 电化学储能电站涉网性能参数, 电化学储能电站工程信息, 电化学储能电站与聚合商关联关系, 电化学储能电站与发电厂关联关系
16	发电	0.4kV 电站	ID, 名称, 所属配电台区, 厂站类型, 电压等级, 并网日期, 投运容量, 户名
17	发电	风电机组参数	ID, 名称, 所属厂站, 风机类型, 额定功率, 额定转速, 风轮机型号, 变流器型号, 切入切出风速, 叶片数目, 额定风速, 风轮直径
18	发电	水轮机参数	ID, 名称, 水轮机型号, 额定功率, 额定流量, 额定转速, 最高水头, 最低水头
19	发电	励磁调节器参数	ID, 名称, 励磁方式, 调差系数, 型号, 顶值电流倍数, 顶值电压倍数

续表

序号	资产分类	资产名称	重要资产属性
20	发电	燃机参数	ID，所属发电厂，额定功率，透平排气温度，进气温度，燃机型号，所属发电机组，透平级数，额定转速，压气机级数
21	发电	逆变器	ID，光伏布置类型，光伏组件型式，所属发电厂，设备名称，额定容量，逆变器数量，型号
22	发电	光伏组件	ID，组件种类，所属电站，关联逆变器，组件理论转换效率，组件套数，组件型号，组件容量
23	发电	汇集线	ID，电压等级，电源类型，并入电网电压等级，所属发电厂，额定容量，最大出力，机端额定电压，额定功率因数
24	发电	PCS	ID，直流侧电压等级，交流接入方式，交流侧电压等级，所属储能单元，所属发电厂，设备名称，额定容量，功率因数，型号，响应时间，最大转换效率，转换效率，额定电压
25	发电	电池	ID，所属发电厂，电压等级，电池类型，所属PCS，额定容量，设备名称，所属节流器，放电效率，型号，最小荷电状态，额定充电功率，退役日期，充电效率，额定放电功率，最大荷电状态，电池数量，能量
26	变电	变电站	ID，名称，所属电网，所属调度机构，行政区划，资产归属性质，资产单位，电压等级，类型，经纬度电压等级统计信息，变电站统计信息
27	变电	换流站	ID，名称，所属电网，所属调度机构，行政区划，资产归属性质，资产单位，最高直流电压，最高交流电压，类型，经纬度，所属直流输电系统换流站统计信息，换流站交流场统计信息，换流站直流场统计信息，换流站电压等级统计信息
28	直流设备	换流器	ID，名称，所属直流极，所属厂站，直流电压等级，额定容量，换流器参数
29	直流设备	换流变压器	ID，名称，所属换流器，所属厂站，额定容量，绕组，调压方式，静态参数，最高电压等级
30	直流设备	直流断路器	ID，名称，所属直流极，所属厂站，电压等级，转移电流能力，型号，通常状态

续表

序号	资产分类	资产名称	重要资产属性
31	直流设备	直流隔离开关	ID，名称，所属直流极，所属厂站，电压等级，型号
32	直流设备	直流接地开关	ID，名称，所属直流极，所属厂站，电压等级，型号，通常状态
33	直流设备	交流滤波器	ID，名称，所属间隔，所属厂站，额定电压，额定容量，型号，无功补偿总容量，滤波次数构成
34	容器	间隔	ID，名称，所属厂站，电压等级，母线接线方式
35	容器	断面	ID，名称，所属电网，表达式，构成描述，控制点，断面成员个数，运行状态构成成员信息
36	容器	分区	ID，名称，启用状态，版本
37	容器	现货市场	ID，名称，父区域ID，生效时间，失效时间
38	容器	直流输电系统	ID，名称，调度机构，电压等级，所属电网，受端电网，送端电网，输电距离，分类，额定容量
39	输电	负荷	ID，名称，所属厂站，电压等级
40	输电	交流线路	ID，名称，始末厂站，始末杆塔，始末间隔，线路类型，架设方式，所属电网，线路长度，电压等级，允许载流量，电纳，电抗，电阻
41	输电	交流线端	ID，名称，所属线路，所属厂站
42	输电	交流线段	ID，名称，所属线路，始末杆塔，线路长度，型号，线径
43	输电	T接点	ID，名称，所属线路，T接杆塔
44	输电	T接线路	ID，名称，始端厂站，末端对象，始末杆塔，线路类型，架设方式，T接点，T接类型，所属线路，线路长度，允许载流量，电纳，电抗，电阻
45	输电	T接线端	ID，名称，所属线路，所属厂站
46	输电	直流线路	ID，名称，始末厂站，始末杆塔，架设方式，所属电网，所属直流极系统，线路长度，电压等级，允许载流量，电阻
47	输电	直流线端	ID，名称，所属线路，所属厂站
48	输电	单端线路	ID，名称，所属厂站

续表

序号	资产分类	资产名称	重要资产属性
49	输电	单端线端	ID，名称，所属线路
50	变电	变压器	ID，绝缘介质，型号，额定容量，设备名称，自耦式，所属厂站，用途，最高电压等级，调压方式，绕组类型
51	变电	变压器绕组	所属间隔，ID，额定容量，设备名称，中性点接地通常状态，绕组电阻，调压方式，所属厂站，所属变压器，电压等级，额定电压，绕组侧，绕组接线方式，绕组电抗
52	变电	母线	母线型式，所属间隔，分类，ID，型号，设备名称，所属厂站，生产厂家，电压等级
53	变电	母线组	ID，母线组名称，拥有者，所属厂站，电压等级，成员 ID
54	发电	汇集线	ID，最大出力，额定容量，设备名称，所属发电厂，额定功率因数，电源类型，机端额定电压，并入电网电压等级，电压等级
55	变电	电流互感器	ID，型号，设备名称，所属厂站，电压等级，一次电流额定值，二次电流额定值，测量变比，计量变比，保护变比
56	变电	电压互感器	ID，型号，设备名称，所属厂站，电压等级，变比
57	变电	并联电抗器	所属间隔，额定容量，ID，是否可控高压电抗器，型号，电抗器名称，所属厂站，静态标签，类型，电压等级，额定电压，连接设备类型，连接位置，零序电阻，正序电阻，电压上限，电压下限，零序电抗，正序电抗
58	变电	并联电容器	关联母线，额定容量，ID，型号，电容器名称，所属厂站，静态标签，电压等级，额定电压，连接设备类型，零序电阻，正序电阻，电压上限，电压下限，零序电抗，正序电抗
59	变电	串联电抗器	所属间隔，额定容量，ID，最大容载电流，型号，设备名称，串联电抗器类型，所属厂站，电压等级，额定电压，零序电抗，正序电抗
60	变电	无功补偿装置	所属间隔，额定容量，ID，型号，静止无功发生器名称，所属厂站，电压等级，无功电压上限，无功电压下限

续表

序号	资产分类	资产名称	重要资产属性
61	变电	断路器	所属间隔，额定遮断容量，ID，型号，设备名称，所属厂站，电压等级
62	变电	隔离开关	所属间隔，ID，型号，设备名称，所属厂站，用途，电压等级
63	变电	接地开关	所属间隔，ID，型号，设备名称，所属厂站，电压等级
64	变电	接地阻抗	所属间隔，ID，型号，设备名称，所属厂站，电压等级，电阻，电抗
65	变电	消弧线圈	所属间隔，ID，型号，设备名称，所属厂站，电压等级，电抗，电阻
66	变电	串联电抗器	所属间隔，额定容量，ID，最大容载电流，型号，设备名称，串联电抗器类型，所属厂站，电压等级，额定电压，零序电抗，正序电抗，运行电抗，运行电抗零序

附表 1-3　　　　　　　　　　**配电网模型数据目录**

序号	资产分类	资产名称	重要资产属性
1	配电网容器	配电站房	ID，名称，站房类型，最高电压等级，所属调度机构，所属馈线，经度，纬度，海拔
2	配电网容器	馈线	ID，线路名称，所属电网，线路性质，线路类型，起点电站，电压等级
3	配电网容器	组合开关	ID，名称，组合开关类型，电压等级，所属调度机构，所属馈线，所属站房，组成设备
4	配电网拓扑	电网拓扑关系	设备 ID，首节点，末节点，生效时间，失效时间
5	配电网设备	断路器	ID，名称，开关类型，电压等级，所属调度机构，所属馈线，所属站房，所属杆塔，开关操作方式，额定电流，额定开断电流
6	配电网设备	负荷开关	ID，名称，开关类型，电压等级，所属调度机构，所属馈线，所属站房，所属杆塔，开关操作方式，额定电流，额定开断电流

续表

序号	资产分类	资产名称	重要资产属性
7	配电网设备	熔断器	ID,名称,电压等级,所属调度机构,所属馈线,所属站房,所属杆塔,额定电流,熔断电流
8	配电网设备	隔离开关	ID,名称,所属馈线,所属站房,所属杆塔
9	配电网设备	接地开关	ID,名称,所属站房
10	配电网设备	馈线段	ID,馈线段名称,所属馈线,所属配电变压器
11	配电网设备	电源、储能站	电厂电站ID,所属馈线,所属站房,所属杆塔,所属配电变压器
12	配电网设备	电力用户	电力客户ID,公司简称,公司名称,电力客户类型,电压等级,级别,类型,管理单位
13	配电网设备	配电变压器	ID,设备名称,所属馈线,额定容量,运行编号,电压等级,所属站房所属杆塔
14	配电网设备	电抗器	ID,名称,所属馈线,所属站房
15	配电网设备	电容器	ID,名称,所属馈线,所属站房
16	配电网设备	故障指示器	ID,名称,电压等级,所属调度机构,所属馈线,关联馈线段
17	配电网设备	电压互感器	ID,名称,所属馈线,所属站房
18	配电网设备	杆塔	杆塔ID,名称,所属线路段,杆塔序号,经度,纬度
19	低压配电网设备	电压互感器	ID,名称,所属馈线,所属配电变压器,电压等级
20	低压配电网设备	低压用户接入点	ID,名称,所属馈线,所属配电变压器

序号	资产分类	资产名称	重要资产属性
21	低压配电网设备	表箱	ID，名称，所属馈线，所属配电变压器
22	低压配电网设备	电能表	ID，名称，所属馈线，所属配电变压器，所属表箱，关联电力用户，电能表类型
23	低压配电网设备	充电站	ID，名称，所属馈线，所属配电变压器，所属电能表
24	低压配电网设备	充电桩	ID，名称，所属馈线，所属配电变压器，所属电能表，所属充电站，充电桩类型，最大输出电压，最大输出电流，最大输出功率，最大反向送电功率

附表 1-4　　　　　　　　　　保护模型数据目录

序号	资产分类	资产名称	重要资产属性
1	保护总表	交流保护装置	资产编号，资产性质，资产单位 ID，所属间隔，通道 1 是否复用，通道 2 是否复用，通道 1 类型，通道 2 类型，TA 二次额定电流，数据采集方式，装置电源电压，ID，型号 ID，设备名称，设备类型，套别，所属厂站，实物 ID，设备类型细化，电压等级
2	保护总表	故障录波装置	资产编号，资产性质，资产单位 ID，所属间隔，直流录波设备分类，TA 二次额定电流，装置用途，装置电源电压，故障录波器类型，ID，设备增加方式，型号 ID，设备名称，设备类型，套别，所属厂站，电压等级
3	保护总表	安全自动装置	资产编号，资产性质，资产单位 ID，所属间隔，基建单位 ID，TA 二次额定电流，装置电源电压，出口逻辑，ID，型号 ID，设备名称，设备类型，套别，安控站点 ID，所属厂站，设备类型细化，电压等级
4	线路保护	交流线路保护资源	交流线路 ID，动作出口开关数，通信通道数，交流线路保护资源 ID，交流线路保护名称，套别，静态标签

续表

序号	资产分类	资产名称	重要资产属性
5	线路保护	线路保护装置	资产编号，资产性质，资产单位 ID，所属间隔，通道 1 是否复用，通道 2 是否复用，通道 1 类型，通道 2 类型，二次额定电流，装置电源电压，出口方式，ID，交流线端，设备名称，通信状态，套别，保护装置型号，当前定值区，所属厂站，实物 ID，电压等级
6	线路保护	线路保护告警模型	CODE，引用路径，名称，拥有者，保护装置型号
7	线路保护	线路保护遥测模型	CODE，变化死区，下下限，下限，名称，拥有者，保护装置型号，单位，上限，上上限，零死区
8	线路保护	线路保护压板模型	CODE，引用路径，名称，拥有者，保护装置型号
9	线路保护	线路保护事件模型	CODE，引用路径，名称，拥有者，保护装置型号
10	线路保护	线路保护故障模型	最大故障电流一次值，最大故障电流二次值，故障设备名称，故障测距结果，故障持续时间，故障相别，故障性质，最大零序电流一次值，最大零序电流二次值，引用路径，名称，拥有者，重合闸动作时间，线路保护装置型号，保护装置，故障值
11	线路保护	线路保护出口模型	CODE，引用路径，名称，拥有者，保护装置型号
12	线路保护	线路保护定值模型	CODE，类型，保护定值模型 CODE，名称，保护装置 ID，定值区，单位，定值
13	线路保护	线路保护遥信模型	CODE，保护遥信模型 CODE，名称，发生时间，保护装置 ID，遥信值
14	变压器保护	变压器保护装置	资产编号，资产性质，资产单位 ID，所属间隔，二次额定电流，设备状态，装置电源电压，ID，设备名称，通信状态，套别，保护资源 CODE，变压器保护装置型号，当前定值区，所属厂站，实物 ID，所属变压器，电压等级
15	变压器保护	变压器保护告警模型	CODE，引用路径，名称，拥有者，保护装置型号
16	变压器保护	变压器保护遥测模型	CODE，变化死区，下下限，下限，名称，拥有者，保护装置型号，单位，上限，上上限，零死区

序号	资产分类	资产名称	重要资产属性
17	变压器保护	变压器保护压板模型	CODE，引用路径，名称，拥有者，保护装置型号
18	变压器保护	变压器保护事件模型	CODE，引用路径，名称，拥有者，保护装置型号
19	变压器保护	变压器保护故障模型	最大故障电流一次值，最大故障电流二次值，故障设备名称，故障测距结果，故障持续时间，故障相别，故障性质，最大零序电流一次值，最大零序电流二次值，引用路径，名称，拥有者，重合闸动作时间，保护装置型号，保护装置，故障值
20	变压器保护	变压器保护出口模型	CODE，引用路径，名称，拥有者，保护装置型号
21	变压器保护	变压器保护定值模型	CODE，类型，保护定值模型 CODE，名称，保护装置 ID，定值区，单位，定值
22	变压器保护	变压器保护遥信模型	CODE，保护通信模型 CODE，名称，发生时间，保护装置 ID，遥信值
23	母线保护	母线保护装置	资产编号，资产性质，资产单位 ID，所属间隔，所属母线组，二次额定电流，装置电源电压，ID，设备名称，通信状态，套别，保护资源 CODE，母线保护装置型号，当前定值区，所属厂站，实物 ID，电压等级
24	母线保护	母线保护告警模型	CODE，引用路径，名称，拥有者，保护装置型号
25	母线保护	母线保护遥测模型	CODE，变化死区，下下限，下限，名称，拥有者，保护装置型号，单位，上限，上上限，零死区
26	母线保护	母线保护压板模型	CODE，引用路径，名称，拥有者，保护装置型号
27	母线保护	母线保护事件模型	CODE，引用路径，名称，拥有者，保护装置型号
28	母线保护	母线保护故障模型	最大故障电流一次值，最大故障电流二次值，故障设备名称，故障测距结果，故障持续时间，故障相别，故障性质，最大零序电流一次值，最大零序电流二次值，引用路径，名称，拥有者，重合闸动作时间，保护装置型号，保护装置，故障值

续表

序号	资产分类	资产名称	重要资产属性
29	母线保护	母线保护出口模型	CODE，引用路径，名称，拥有者，保护装置型号
30	母线保护	母线保护定值模型	CODE，类型，保护定值模型 CODE，名称，保护装置 ID，定值区，单位，定值
31	母线保护	母线保护遥信模型	CODE，保护遥信模型 CODE，名称，发生时间，保护装置 ID，遥信值
32	断路器保护	断路器保护装置	资产编号，资产性质，资产单位 ID，所属间隔，所属断路器，二次额定电流，装置电源电压，ID，通信状态，套别，保护资源 CODE，断路器保护装置型号，当前定值区，所属厂站，实物 ID，电压等级
33	断路器保护	断路器保护告警模型	CODE，引用路径，名称，拥有者，保护装置型号
34	断路器保护	断路器保护遥测模型	CODE，变化死区，下下限，下限，名称，拥有者，保护装置型号，单位，上限，上上限，零死区
35	断路器保护	断路器保护压板模型	CODE，引用路径，名称，拥有者，保护装置型号
36	断路器保护	断路器保护事件模型	CODE，引用路径，名称，拥有者，保护装置型号
37	断路器保护	断路器保护故障模型	最大故障电流一次值，最大故障电流二次值，故障设备名称，故障测距结果，故障持续时间，故障相别，故障性质，最大零序电流一次值，最大零序电流二次值，引用路径，名称，拥有者，重合闸动作时间，保护装置型号，保护装置，故障值
38	断路器保护	断路器保护出口模型	CODE，引用路径，名称，拥有者，保护装置型号
39	断路器保护	断路器保护定值模型	CODE，类型，保护定值模型 CODE，名称，保护装置 ID，定值区，单位，定值
40	断路器保护	断路器保护遥信模型	CODE，保护遥信模型 CODE，名称，发生时间，保护装置 ID，遥信值
41	并联保护	并联电抗器保护装置	资产编号，资产性质，资产单位 ID，所属间隔，二次额定电流，装置电源电压，ID，设备名称，通信状态，套别，保护资源 CODE，并联电抗器保护装置型号，当前定值区，所属并联电抗器，所属厂站，实物 ID，电压等级

续表

序号	资产分类	资产名称	重要资产属性
42	并联保护	并联保护告警模型	CODE，引用路径，名称，拥有者，保护装置型号
43	并联保护	并联保护遥测模型	CODE，变化死区，下下限，下限，名称，拥有者，保护装置型号，单位，上限，上上限，零死区
44	并联保护	并联保护压板模型	CODE，引用路径，名称，拥有者，保护装置型号
45	并联保护	并联保护事件模型	CODE，引用路径，名称，拥有者，保护装置型号
46	并联保护	并联保护故障模型	最大故障电流一次值，最大故障电流二次值，故障设备名称，故障测距结果，故障持续时间，故障相别，故障性质，最大零序电流一次值，最大零序电流二次值，引用路径，名称，拥有者，重合闸动作时间，保护装置型号，保护装置，故障值
47	并联保护	并联保护出口模型	CODE，引用路径，名称，拥有者，保护装置型号
48	并联保护	并联保护定值模型	CODE，类型，保护定值模型CODE，名称，保护装置ID，定值区，单位，定值
49	并联保护	并联保护遥信模型	CODE，保护遥信模型CODE，名称，发生时间，保护装置ID，遥信值
50	并联保护	发电机-变压器组保护装置	资产编号，资产性质，资产单位ID，所属间隔，二次额定电流，装置电源电压，所属发电机-变压器组，ID，设备名称，通信状态，套别，保护资源CODE，发电机-变压器组保护装置型号，当前定值区，所属厂站，实物ID，电压等级
51	其他保护	操作箱	资产编号，资产性质，资产单位ID，所属间隔ID，装置电源电压，ID，型号ID，设备名称，套别，实物ID，电压等级
52	其他保护	电压切换箱	资产编号，资产性质，资产单位ID，所属间隔ID，装置电源电压，ID，型号ID，设备名称，套别，所属厂站，实物ID，电压等级
53	其他保护	二次设备电压切换箱集成	资产编号，资产性质，资产单位ID，所属间隔ID，装置电源电压，ID，型号ID，设备名称，套别，所属厂站，实物ID，电压等级

续表

序号	资产分类	资产名称	重要资产属性
54	其他保护	收发信机	资产编号, 资产性质, 资产单位ID, 所属间隔ID, 通道频率, 载波通道加工相, 装置电源电压, ID, 型号ID, 设备名称, 套别, 所属厂站, 实物ID, 电压等级
55	其他保护	光电转换装置	资产编号, 资产性质, 资产单位ID, 所属间隔ID, 装置电源电压, ID, 型号ID, 设备名称, 套别, 投运日期, 所属厂站, 实物ID, 电压等级
56	其他保护	电压并列装置	资产编号, 资产性质, 资产单位ID, 所属间隔ID, 装置电源电压, ID, 型号ID, 设备名称, 套别, 投运日期, 所属厂站, 电压等级
57	其他保护	合并单元	资产编号, 资产性质, 资产单位ID, 所属间隔ID, 装置电源电压, 发送光纤接口模式, 发送/接收光纤口数量, ID, 设备识别代码, 合并单元功能, 型号ID, 设备名称, 对时方式, 套别, 所属厂站, 实物ID, 互感器类型, 电压等级
58	其他保护	智能终端	资产编号, 资产性质, 资产单位ID, 所属间隔ID, 装置电源电压, 发送光纤接口模式, 发送/接收光纤口数量, ID, 型号ID, 设备名称, 对时方式, 套别, 所属厂站, 实物ID, 智能终端功能, 电压等级
59	其他保护	合并单元智能终端集成	资产编号, 资产性质, 资产单位ID, 所属间隔ID, 装置电源电压, 发送光纤接口模式, 发送/接收光纤口数量, ID, 合并单元功能, 型号ID, 设备名称, 对时方式, 套别, 所属厂站, 实物ID, 智能终端功能, 互感器类型, 电压等级

附表 1-5　　　　　　　　　自动化模型数据目录

序号	资产分类	资产名称	重要资产属性
1	系统	主站系统	主要功能, 主站系统ID, 是否备调系统, 系统型号, 系统名称, 所属调度机构, 层级排序代码, 所属主系统, 系统类型, 软件版本
2	系统	厂站系统	主要功能, 厂站系统ID, 系统型号, 系统名称, 所属厂站, 所属主系统, 系统类型, 软件版本

续表

序号	资产分类	资产名称	重要资产属性
3	系统	调度数据网	接入方式，所属厂商，网络名称，简称，网络类型，所属组织机构，同步时间
4	计算机设备	服务器	资产编号，CPU，磁盘容量，调控标识，安装地点，起始U位，内存大小，设备型号，设备名称，网口数，所属厂站，电源数，质保到期日期
5	计算机设备	工作站	资产编号，CPU，磁盘容量，显卡数，调控标识，安装地点，起始U位，内存大小，设备型号，设备名称，网口数，所属厂站，电源数，分辨率，屏幕数，序列码，质保到期日期
6	计算机设备	存储设备	资产编号，高速缓存容量，CPU磁盘容量，单机磁盘个数，硬盘转速，调控标识，安装地点，起始U位，内置硬盘接口，设备型号，设备名称，网口数，所属厂站，外接主机通道，分区容量，电源数，RAID方式，序列码，质保到期日期
7	计算机设备	刀片服务器	资产编号，刀片数，CPU，调控标识，安装地点，起始U位，设备型号，设备名称，网口数，所属厂站，电源数，质保到期日期
8	自动化辅助设备	不间断电源	资产编号，电池类型，通信方式，接线方式，调控标识，安装地点，设备型号，设备名称，网口数，所属厂站，电源容量，电源数，序列码，持续供电时间，切换方式，质保到期日期
9	自动化辅助设备	大屏幕	资产编号，调控标识，安装地点，光源，设备型号，设备名称，所属厂站，电源额定功率，分辨率，大屏行列数，比例，尺寸，序列码，质保到期日期
10	自动化辅助设备	精密空调	空调结构，资产编号，空调匹数，能效等级，调控标识，安装地点，设备型号，设备名称，网口数，所属厂站，电源额定功率，序列码，质保到期日期
11	自动化辅助设备	辅助设备切换器（KVM）	资产编号，设备U数，调控标识，输入路数，安装地点，起始U位，设备型号，设备名称，所属厂站，输出路数，支持分辨率，序列码，切换方式，质保到期日期
12	自动化辅助设备	打印机	资产编号，幅面，调控标识，安装地点，管理网络地址，设备型号，设备名称，所属厂站，打印机类型，序列码，质保到期日期

续表

序号	资产分类	资产名称	重要资产属性
13	厂站自动化设备	专用远动网关机	当前规约，资产编号，设备 U 数，软件版本，设备 ID，安装地点 ID，起始 U 位，管理 IP 地址，设备型号，设备名称，网口数，所属厂站，电源数，通信规约，序列码，质保到期日期
14	厂站自动化设备	远动装置	当前规约，资产编号，设备 U 数，软件版本，设备 ID，安装地点 ID，起始 U 位，管理 IP 地址，遥测点容量，设备型号，设备名称，网口数，所属厂站，电源数，通信规约，序列码，遥信点容量，质保到期日期
15	厂站自动化设备	测控装置	当前规约，资产编号，死区值，设备 U 数，数字遥测容量，数字遥控容量，数字遥信容量，软件版本，设备 ID，安装地点 ID，起始 U 位，管理 IP 地址，设备型号，设备名称，网口数，常规遥测容量，常规遥控容量，常规遥信容量，所属厂站，电源数，通信规约，序列码，质保到期日期
16	厂站自动化设备	相量测量装置	当前规约，资产编号，设备 U 数，软件版本，设备 ID，安装地点 ID，起始 U 位，管理 IP 地址，设备型号，设备名称，网口数，所属厂站，电源数，通信规约，序列码，串口数，质保到期日期
17	厂站自动化设备	电能量采集终端	当前规约，资产编号，设备 U 数，软件版本，设备 ID，接入容量，安装地点 ID，起始 U 位，管理 IP 地址，设备型号，MODEM 口数，设备名称，网口数，所属厂站，电源数，通信规约，序列码，质保到期日期
18	厂站自动化设备	网络分析仪	当前规约，资产编号，设备 U 数，软件版本，设备 ID，安装地点 ID，起始 U 位，管理 IP 地址，设备型号，设备名称，网口数，所属厂站，电源数，序列码，质保到期日期
19	网络设备	路由器	资产编号，CPOS 端口数，设备 U 数，电口数，固件版本，调控标识，安装地点，起始 U 位，管理网络地址，是否核心骨干汇聚路由器，设备型号，设备名称，所属厂站，POS 端口数，电源数，光口数，序列码，串口数，2M 端口数，质保到期日期

续表

序号	资产分类	资产名称	重要资产属性
20	网络设备	交换机	资产编号，设备 U 数，电口数，固件版本，调控标识，安装地点，起始 U 位，管理网络地址，设备型号，设备名称，所属节点，所属厂站，电源数，光口数，序列码，交换机类型，交换速率，质保到期日期
21	网络设备	串口服务器	资产编号，设备 U 数，固件版本，调控标识，安装地点，起始 U 位，管理网络地址，设备型号，设备名称，网口数，所属厂站，序列码，串口数，串口类型，质保到期日期
22	安全防护设备	横向隔离装置	资产编号，设备 U 数，固件版本，调控标识，安装地点，起始 U 位，设备型号，设备名称，网口数，所属厂站，电源数，序列码，吞吐量，质保到期日期
23	安全防护设备	纵向加密装置	资产编号，设备 U 数，固件版本，调控标识，安装地点，起始 U 位，设备型号，设备名称，网口数，所属厂站，电源数，序列码，吞吐量，质保到期日期
24	安全防护设备	防火墙	资产编号，设备 U 数，电口数，固件版本，调控标识，安装地点，起始 U 位，是否光纤接入，设备型号，设备名称，所属厂站，电源数，光口数，序列码，吞吐量，质保到期日期
25	安全防护设备	入侵检测设备	资产编号，设备 U 数，电口数，固件版本，调控标识，安装地点，起始 U 位，是否光纤接入，设备型号，设备名称，所属厂站，电源数，光口数，序列码，吞吐量，质保到期日期

附表 1-6　　　　　　　　　　　通信模型数据目录

序号	资产分类	资产名称	重要资产属性
1	通信容器	通信站	海拔，资产单位，ID，纬度，经度，名称，通信编号，所属通信网，通信站等级，通信源编号，通信名称，地点类型，通信展统计信息
2	通信容器	通信网	ID，名称，通信网简称，拥有者，上级通信网，通信网级别

序号	资产分类	资产名称	重要资产属性
3	通信容器	传输网	ID，名称，传输网简称，通信编号，拥有者，上级传输网，通信源编号，传输网级别
4	通信容器	光缆网	光缆网级别，ID，名称，光缆网简称，拥有者，上级光缆网
5	传输设备	光缆接续装置	装置类型，安装位置描述，ID，名称，通信编号，所属站点，通信源编号
6	传输设备	沟道	光缆数量，ID，是否为站内沟道，光缆共沟方式，名称，通信编号，所属站点，沟道类别，通信源编号
7	传输设备	传输网元	ID，名称，通信编号，所属传输网，所属站点，通信源编号，技术体制
8	传输设备	光路	A端端口，A端网元，ID，是否配置光切，是否收发同芯，名称，通信编号，速率，通信源编号，Z端端口，Z端网元，光路统计信息，光路路由关系
9	传输设备	通信业务	A端设备，业务类型，调度等级，ID，名称，通信编号，所属通信网，状态，通信源标号，Z端设备
10	传输设备	通道链路	A端网元，业务类型，最高调度等级，ID，名称，通信编号，其他调度等级，速率，使用状态，通信源编号，Z端网元
11	传输设备	通道段	A端端口，A端传输节点，通道类型，ID，名称，通信编号，速率，使用状态，通信源编号，Z端端口，Z端传输节点
12	传输设备	纤芯通道	A端纤芯，ID，名称，通信编号，所属通道链路，使用状态，通信资源编号，Z端纤芯
13	传输设备	光缆	管辖单位，起点资源，起点资源类型，对象ID，是否为站内光缆，名称，TMS编号，终点资源，终点资源类型
14	传输设备	纤芯	纤芯类型，ID，名称，通信编号，对应光路，所属光缆段，使用状态，通信源编号
15	通信设备	SDH设备	实际配置的最大速率，规格型号，ID，通信编号，所属传输节点，通信源编号

序号	资产分类	资产名称	重要资产属性
16	通信设备	OTN 设备	规格型号，ID，最大容量，名称，通信编号，所属传输节点，通信源编号
17	通信设备	配电屏	输入是否自动切换，规格型号，ID，输入路数，名称，通信编号，输出路数，已用路数，所属站点，通信源编号
18	通信设备	蓄电池组	电池组标称容量，组内电池只数，规格型号，ID，名称，通信编号，所属站点，信源编号
19	通信设备	交换设备	规格型号，ID，名称，所属站点，通信源编号，交换设备类型
20	通信设备	会议设备	规格型号，ID，名称，通信编号，所属站点，通信源编号，设备类型
21	通信设备	机动应急设备	规格型号，ID，名称，通信编号，所属站点，通信源编号，设备类型
22	通信设备	同步设备	规格型号，ID，名称，通信编号，所属站点，通信源编号，设备类型
23	通信设备	数据网设备	规格型号，ID，名称，通信编号，所属站点，通信源编号，设备类型
24	通信设备	通信电源	输入是否自动切换，单个模块容量，模块数，规格型号，ID，输入路数，名称，通信编号，所属站点，电源类型，通信源编号
25	通信设备	通信网管设备	规格型号，ID，名称，通信编号，所属站点，通信源编号
26	通信设备	通信机框	ID，名称，通信编号，所属设备，所属主机框，信源编号
27	通信设备	通信板卡	规格型号，ID，名称，通信编号，所以机框，所属插槽，使用状态，通信源编号
28	通信设备	通信端口	端口类型，ID，名称，通信编号，所属板卡，速率，使用状态，通信源编号

附表 1-7 量测运行数据

序号	资产分类	资产名称	重要资产属性
1	电网运行数据	电网总加	统计口径：全社会口径、调度口径、统调口径 发电类型：火电、水电、核电、风电、光伏、抽蓄、储能、燃煤、燃气、生物质、垃圾、秸秆、沼气、供热、集中式光伏、分布式光伏、新能源、清洁能源 负荷：全社会负荷、调度负荷、统调负荷、网供负荷 容量：可调容量、旋转备用容量、停备用容量、储能容量、AGC 容量、正备用、负备用 受电：联络线受电、统调受电、网供受电 限电：拉限电，事故限电 其他：功率因数、断面、功率因数、控制偏差、用电指标
2	电网运行数据	避峰	日期，避峰结束时间，最大避峰电力，避峰电量，所属电网 ID，避峰开始时间
3	电网运行数据	错峰	错峰结束时间，最大错峰电力，错峰电量，所属电网 ID，错峰开始时间
4	电网运行数据	拉路	拉路条次，拉路台次，时间，最大拉路电力，拉路电量，所属电网 ID
5	电网运行数据	限电	日期，限电结束时间，最大限电电力，限电电量，所属电网 ID，限电开始时间
6	电网运行数据	频率	ID，时间，频率值，频率上限，频率下限
7	分区	分区	分区名称，分区启用状态，分区生效时间，分区版本名，分区 ID，分区构成
8	电网运行数据	断面	下限，组号，状态，限值，失效时间，生效时间，拥有者，文件优先级，组内优先级，运行方式 ID，断面 ID，上限，断面构成
9	厂站统计值	变电站	有功功率、无功功率、低周减载
10	厂站统计值	发电站	有功功率，无功功率，功率因数，可用容量，开机容量，发电厂上网无功功率，发电厂机端电力，电厂发电无功功率，发电厂日负荷率，发电厂月负荷率，上旋转备用，下旋转备用，满发时间，满抽时间，理论出力，限电出力，发电厂上网有功功率，电站当日总充电量，电站当日总放电量，电站 SOC 值、温度，相对湿度，压力，风速，风向，全辐射，直接辐射，散射辐射，轮毂高度风速，轮毂高度风向

续表

序号	资产分类	资产名称	重要资产属性
11	厂站统计值	换流站	有功功率、无功功率
12	设备量测	换流器	有功功率、无功功率
13	设备量测	发电机	有功功率，无功功率，电流
14	设备量测	抽蓄水库	水位
15	设备量测	交流线路	有功功率，无功功率，电流，保护测距，有序用电电力值
16	设备量测	直流线路	直流功率，储能单元直流侧电压，直流电流
17	设备量测	母线	频率，三相电压，三相线电压，母线 $3U_0$
18	设备量测	变压器绕组	有功功率，无功功率，功率因数，电流，抽头位置
19	设备量测	断路器	有功功率，无功功率，三相电流
20	设备量测	无功补偿装置	无功电压，三相电流

附表 1-8   预测运行数据

序号	资产分类	资产名称	重要资产属性
1	负荷预测	系统负荷预测	全社会负荷，调度负荷，统调负荷，网供负荷，最大供电能力，最小供电能力，用电指标，用电指标比例系数，总正备用，总负备用，调度口径新能源机端电力，调度口径风电机端电力，调度口径光伏机端电力，全口径新能源机端电力，全社会风电机端电力，全社会光伏机端电力，统调口径风电机端电力，统调口径光伏机端电力，全社会光伏机端电力，新能源场站
2	负荷预测	系统超短期负荷预测	调度口径新能源机端电力，调度口径风电机端电力，调度口径光伏机端电力，全口径新能源机端电力，全社会风电机端电力，全社会光伏机端电力，统调口径风电机端电力，统调口径光伏机端电力，全社会光伏机端电力，新能源场站

续表

序号	资产分类	资产名称	重要资产属性
3	负荷预测	母线负荷预测	频率
4	负荷预测	电网计划类数据	计划最大可调,受电总和,联络线计划,省内电力平衡裕度,省内可再生富裕程度,周前负荷预测
5	发电计划	机组出力计划	日前发电计划
6	发电计划	发电厂超短期功率预测	机端有功功率
7	发电计划	发电厂短期功率预测	机端有功功率
8	发电计划	日前电厂出力计划	日前发电计划

附表 1-9 电力气象运行数据

序号	资产分类	资产名称	重要资产属性
1	实况	城市气象实况数据	温度、湿度、雨量、风速、风向、天气
2	实况	电网气象预测数据	温度、湿度、气压、雨量、风速、风向
3	实况	气象站实况	温度、湿度、气压、雨量、风速、风向
4	预报	城市气象实况数据	温度、湿度、雨量、风速、风向、天气
5	预报	电网气象预测数据	温度、湿度、气压、雨量、风速、风向
6	预报	气象站实况	温度、湿度、气压、雨量、风速、风向

附表 1–10 管理运行数据

序号	资产分类	资产名称	重要资产属性
1	故障缺陷	事故总信号	数据源标识，状态值，厂站ID，时间，间隔名称，确认节点，确认状态，确认时间，确认用户，告警内容，上窗类型，是否上窗，所属责任区，是否抑制
2	故障缺陷	直流系统故障	再启动情况，设备ID，故障设备类型，故障详情，故障编码，停运类型，故障时间，故障性质，设备名称，原因分类，故障原因或巡线结果，再启动结果，恢复时间，所属直流系统
3	故障缺陷	交流线路故障	交流线路ID，交流线路名称，故障详情，故障测距结果，故障编码，故障相别，停运类型，故障时间，故障性质，是否综合告警，拥有者，报告生成时间，原因分类，故障原因，重合闸情况，保护动作情况，报告路径及名称，恢复时间，关联故障，告警类型，班次ID
4	故障缺陷	交流线路缺陷	缺陷分类，缺陷编码，缺陷级别，缺陷部位，缺陷描述，缺陷影响，交流线路ID，交流线路名称，发生时间，缺陷原因，消缺完成时间，班次ID
5	故障缺陷	变压器缺陷	缺陷分类，缺陷编码，缺陷级别，缺陷部位，缺陷描述，缺陷影响，变压器ID，变压器名称，发生时间，缺陷原因，消缺完成时间
6	越限	断面越限	越限时长，越限恢复时间，断面ID，断面限值，量测类型，断面名称，所属电网ID，越限状态，厂站ID，越限发生时间，断面当前潮流，越限值，量测类型
7	越限	线路越限	端点ID，越限时长，越限恢复时间，线路ID，线路限值，量测类型，线路名称，越限状态，厂站ID，越限发生时间，电流当前值，间隔名称，告警内容，上窗类型，越限时遥测值，是否上窗
8	越限	电压越限	电压变化类型，数据源标识，越限时长，恢复时间，设备ID，电压限值，电压最大值，量测类型，电压最小值，设备名称，所属电网ID，厂站ID，越限发生时间，电压上限，电压当前值

续表

序号	资产分类	资产名称	重要资产属性
9	停电计划	月度检修计划	工作内容，控制要求，数据源标识，申请单位，申请检修结束时间，月度，停电性质，月检修计划 ID，年检修计划 ID，计划编号，计划类型，风险等级，申请检修开始时间，计划状态，关联设备
10	停电计划	日前停电计划数据表	完工回令时间，开工发令时间，安自装置要求，停电类型，月计划变更原因，电压等级，调度管辖，关联名称，调度计划处审批人，日前停电计划 ID，是否影响通信光缆，继电保护处审批人，机组停电方式，稳定限额，工作单位，工作内容，工作性质，流程，关联设备
11	停电计划	月度停电计划数据表	年计划新增调整原因，电压等级，调度管辖，月度停电计划 ID，是否年计划，月度，工作内容，工作性质，工作单位，年度，相应年度计划编号，流程，关联设备
12	燃煤燃气	燃气电厂发电历史信息	气源性受阻电力，最大受阻电力，涉及供暖耗气量，耗气量，日期，电厂 ID，机组最小保障运行电力
13	燃煤燃气	燃煤电厂缺煤历史信息	日期，缺煤停机对应容量，缺煤停机台数，电厂 ID
14	燃煤燃气	煤炭供耗存预测历史数据	日期，期末库存，预测库存可用天数，期初库存，月计划发电量，计划耗煤量，计划供煤量，电厂 ID
15	燃煤燃气	生产用煤历史信息	库存量，供热耗煤量，煤损耗耗煤量，其他耗煤量，发电耗煤量，日期，实际供热量，电厂 ID，实际供煤量

附表 1-11　　　　　　　　　　　保护事件运行数据

序号	资产分类	资产名称	重要资产属性
1	线路保护	线路保护告警	CODE，保护告警模型 CODE，名称，发生时间，拥有者，保护装置 ID，告警状态
2	线路保护	线路保护遥测	CODE，保护遥测模型 CODE，名称，保护装置 ID，排序编号，遥测值

续表

序号	资产分类	资产名称	重要资产属性
3	线路保护	线路保护压板	CODE，保护压板模型 CODE，名称，拥有者，保护装置 ID，压板值
4	线路保护	线路保护事件	CODE，保护事件模型 CODE，名称，发生时间，保护装置 ID，事件状态
5	线路保护	线路保护故障	CODE，最大故障电流一次值，最大故障电流二次值，故障设备名称，故障测距结果，故障持续时间，故障相别，故障时间，故障性质，最大零序电流一次值，最大零序电流二次值，保护故障模型 CODE，名称，拥有者，保护装置 ID
6	线路保护	线路保护出口	CODE，保护出口模型 CODE，名称，保护装置 ID，跳闸开关，出口状态
7	线路保护	线路保护录波	通道号，CODE，量测类型，名称，发生时间，相别，保护装置 ID，关联线端
8	线路保护	线路保护定值	CODE，类型，保护定值模型 CODE，名称，保护装置 ID，定值区，单位，定值
9	线路保护	线路保护遥信	CODE，保护遥信模型 CODE，名称，发生时间，保护装置 ID，遥信值
10	变压器保护	变压器保护告警	CODE，保护告警模型 CODE，名称，发生时间，拥有者，保护装置 ID，告警状态
11	变压器保护	变压器保护遥测	CODE，保护遥测模型 CODE，名称，保护装置 ID，排序编号，遥测值
12	变压器保护	变压器保护压板	CODE，保护压板模型 CODE，名称，拥有者，保护装置 ID，压板值
13	变压器保护	变压器保护事件	CODE，保护事件模型 CODE，名称，发生时间，保护装置 ID，事件状态
14	变压器保护	变压器保护故障	CODE，最大故障电流一次值，最大故障电流二次值，故障设备名称，故障测距结果，故障持续时间，故障相别，故障时间，故障性质，最大零序电流一次值，最大零序电流二次值，保护故障模型 CODE，名称，拥有者，保护装置 ID

续表

序号	资产分类	资产名称	重要资产属性
15	变压器保护	变压器保护出口	CODE，保护出口模型 CODE，名称，保护装置 ID，跳闸开关，出口状态
16	变压器保护	变压器保护录波	通道号，CODE，量测类型，名称，发生时间，相别，保护装置 ID
17	变压器保护	变压器保护定值	CODE，类型，保护定值模型 CODE，名称，保护装置 ID，定值区，单位，定值
18	变压器保护	变压器保护遥信	CODE，保护遥信模型 CODE，名称，发生时间，保护装置 ID，遥信值
19	母线保护	母线保护告警	CODE，保护告警模型 CODE，名称，发生时间，拥有者，保护装置 ID，告警状态
20	母线保护	母线保护遥测	CODE，保护遥测模型 CODE，名称，保护装置 ID，排序编号，遥测值
21	母线保护	母线保护压板	CODE，保护压板模型 CODE，名称，拥有者，保护装置 ID，压板值
22	母线保护	母线保护事件	CODE，保护事件模型 CODE，名称，发生时间，保护装置 ID，事件状态
23	母线保护	母线保护故障	CODE，最大故障电流一次值，最大故障电流二次值，故障设备名称，故障测距结果，故障持续时间，故障相别，故障时间，故障性质，最大零序电流一次值，最大零序电流二次值，保护故障模型 CODE，名称，拥有者，保护装置 ID
24	母线保护	母线保护出口	CODE，保护出口模型 CODE，名称，保护装置 ID，跳闸开关，出口状态
25	母线保护	母线保护录波	通道号，CODE，量测类型，名称，发生时间，相别，保护装置 ID
26	母线保护	母线保护定值	CODE，类型，保护定值模型 CODE，名称，保护装置 ID，定值区，单位，定值
27	母线保护	母线保护遥信	CODE，保护遥信模型 CODE，名称，发生时间，保护装置 ID，遥信值
28	断路器保护	断路器保护告警	CODE，保护告警模型 CODE，名称，发生时间，拥有者，保护装置 ID，告警状态

续表

序号	资产分类	资产名称	重要资产属性
29	断路器保护	断路器保护遥测	CODE, 保护遥测模型 CODE, 名称, 保护装置 ID, 排序编号, 遥测值
30	断路器保护	断路器保护压板	CODE, 保护压板模型 CODE, 名称, 拥有者, 保护装置 ID, 压板值
31	断路器保护	断路器保护事件	CODE, 保护事件模型 CODE, 名称, 发生时间, 保护装置 ID, 事件状态
32	断路器保护	断路器保护故障	CODE, 最大故障电流一次值, 最大故障电流二次值, 故障设备名称, 故障测距结果, 故障持续时间, 故障相别, 故障时间, 故障性质, 最大零序电流一次值, 最大零序电流二次值, 保护故障模型 CODE, 名称, 拥有者, 保护装置 ID
33	断路器保护	断路器保护出口	CODE, 保护出口模型 CODE, 名称, 保护装置 ID, 跳闸开关, 出口状态
34	断路器保护	断路器保护录波	通道号, CODE, 量测类型, 名称, 发生时间, 相别, 保护装置 ID
35	断路器保护	断路器保护定值	CODE, 类型, 保护定值模型 CODE, 名称, 保护装置 ID, 定值区, 单位, 定值
36	断路器保护	断路器保护遥信	CODE, 保护遥信模型 CODE, 名称, 发生时间, 保护装置 ID, 遥信值
37	并联保护	并联电容器保护告警	CODE, 保护告警模型 CODE, 名称, 发生时间, 拥有者, 保护装置 ID, 告警状态
38	并联保护	并联电容器保护遥测	CODE, 保护遥测模型 CODE, 名称, 保护装置 ID, 排序编号, 遥测值
39	并联保护	并联电容器保护压板	CODE, 保护压板模型 CODE, 名称, 拥有者, 保护装置 ID, 压板值
40	并联保护	并联电容器保护事件	CODE, 保护事件模型 CODE, 名称, 发生时间, 保护装置 ID, 事件状态
41	并联保护	并联电容器保护故障	CODE, 最大故障电流一次值, 最大故障电流二次值, 故障设备名称, 故障测距结果, 故障持续时间, 故障相别, 故障时间, 故障性质, 最大零序电流一次值, 最大零序电流二次值, 保护故障模型 CODE, 名称, 拥有者, 保护装置 ID

续表

序号	资产分类	资产名称	重要资产属性
42	并联保护	并联电容器保护出口	CODE，保护出口模型 CODE，名称，保护装置 ID，跳闸开关，出口状态
43	并联保护	并联电容器保护录波	通道号，CODE，量测类型，名称，发生时间，相别，保护装置 ID
44	并联保护	并联电容器保护定值	CODE，类型，保护定值模型 CODE，名称，保护装置 ID，定值区，单位，定值
45	并联保护	并联电容器保护遥信	CODE，保护遥信模型 CODE，名称，发生时间，保护装置 ID，遥信值
46	保护动作事件	保护动作事件	保护装置 ID，保护装置名称，信号名称，状态值，时间，间隔名称，确认节点，确认状态，确认时间，确认用户，告警内容，上窗类型，是否上窗，保护原始 ID，所属责任区，是否抑制，厂站 ID

附表 1-12 配电网运行数据

序号	资产分类	资产名称	重要资产属性
1	站内设备	站内断路器遥测	三相电流、三相电压、有功功率、无功功率
2	站内设备	站内断路器遥信	断路器开闭状态
3	站内设备	站内负荷开关遥测	三相电流、三相电压、有功功率、无功功率
4	站内设备	站内负荷开关遥信	断路器开闭状态
5	站内设备	公用变压器站内变压器遥测	三相电流、三相电压、有功功率、无功功率
6	站内设备	专用变压器站内变压器遥测	三相电流、三相电压、有功功率、无功功率
7	柱上设备	柱上断路器遥测	三相电流、三相电压、有功功率、无功功率
8	柱上设备	柱上断路器遥信	断路器开闭状态

续表

序号	资产分类	资产名称	重要资产属性
9	柱上设备	柱上负荷开关遥测	三相电流、三相电压、有功功率、无功功率
10	柱上设备	柱上负荷开关遥信	断路器开闭状态
11	柱上设备	公用变压器柱上变压器遥测	三相电流、三相电压、有功功率、无功功率
12	柱上设备	专用变压器柱上变压器遥测	三相电流、三相电压、有功功率、无功功率

附录2

省级电网调控云服务清单

附表 2-1　　　　　　　　　　　公共类服务列表

序号	分类	服务中文名	功能描述	输入	输出
1	通用数据服务	通用数据查询	查询通用数据	授权码、量测类型、数据源、指定时间、自定义条件	是否成功、错误信息、查询结果
2		通用数据处理	对通用数据进行增删改操作	授权码、增删改的数据集	是否成功、错误信息
3		MPP 数据查询	查询 MPP 数据库数据	授权码、量测类型、数据源、指定时间、自定义条件	是否成功、错误信息、查询结果
4		MPP 数据处理	对 MPP 数据进行增、删、改操作	授权码、增删改的数据集	是否成功、错误信息
5	认证服务	用户登录认证	用户登录认证	用户 ID、登录名称、会话 ID、用户 IP	错误信息
6		验证用户权限	验证用户是否具备权限	用户 ID、功能名称、应用 ID	是否具备
7	权限服务	用户信息查询	通过用户编号查询	员工编号	用户类
8		用户信息查询	通过登录名查询用户信息	用户登录名	用户类
9		登录日志查询	通过用户 ID 查询日志	用户 ID	登录日志
10		查询所有应用列表	查询所有应用 ID	用户 ID	应用 ID 列表
11		查询应用列表	通过用户 ID 查询应用列表	用户 ID、功能名称	应用列表
12		查询功能列表	通过用户 ID 查询功能列表	用户 ID、应用 ID	功能列表
13		查询登录界面样式	查询登录界面样式	无参数	是否成功、错误信息、对象格式卡片数据

续表

序号	分类	服务中文名	功能描述	输入	输出
14		上传文件	文件上传服务	应用授权码、上级文件夹 ID、自定义文件 ID、文件名称、文件内容、数组偏移量、所占字节数、文件扩展码	是否成功、错误信息
15		下载文件	文件下载服务	应用授权码、文件 ID	是否成功、错误信息、文件内容、文件长度
16		删除文件	文件删除服务	应用授权码、文件 ID	是否成功、错误信息
17		复制文件	文件复制服务	应用授权码、需复制的文件、复制后文件、复制后路径	是否成功、错误信息
18	文件服务	移动文件	文件移动服务	应用授权码、需移动的文件、移动后文件、移动后路径	是否成功、错误信息
19		获取文件信息	文件信息查询服务	应用授权码、文件 ID	是否成功、错误信息、文件内容
20		获取文件扩展码	文件扩展码查询服务	应用授权码、文件 ID	是否成功、错误信息、文件扩展码
21		创建文件夹	新建文件夹	应用授权码、上级文件夹 ID、文件夹名称	是否成功、错误信息、文件夹 ID
22		展示文件列表	文件列表查询服务	应用授权码、文件夹 ID、分页大小、分页下标、排序字段名称、排序类型	是否成功、错误信息、文件 ID 与名称
23		删除文件夹	删除文件夹	应用授权码、文件夹 ID	是否成功、错误信息
24	任务调度服务	创建任务组	创建任务组	分组标识，分组名称、执行器地址类型、任务执行服务器 IP 地址列表	是否成功、错误信息

续表

序号	分类	服务中文名	功能描述	输入	输出
25	任务调度服务	更新任务组	更新任务组	主键、分组标识、分组业务名称、执行器地址类型、执行器地址列表	是否成功、错误信息
26		删除任务组	删除任务组	主键、分组标识、分组业务名称、执行器地址类型、执行器地址列表	是否成功、错误信息
27	告警服务	发送告警	发送告警消息	区域、厂商 ID、告警来源、告警类型、告警等级、告警消息对象列表	是否成功、错误信息
28		查询告警	查询告警信息	应用 ID、厂商 ID、用户 ID、客户端 IP	是否成功、错误信息
29		查询服务可用性	查询服务可用性	无	是否成功、错误信息
30	日志服务	日志写入	日志写入	厂家、日志类别、日志内容、服务器 IP、日志时间、应用 ID	是否成功、错误信息
31	工作流服务	启动业务流程	启动具体业务流程实例	流程模板定义 ID、用户 ID	流程实例 ID
32		删除流程实例	删除已经启动的流程实例	流程实例 ID	删除是否成功提示信息
33		终止流程实例	终止已经启动的流程实例	流程实例 ID、用户 ID	终止是否成功提示信息
34		追回流程实例	追回已经发送但接收人未签收的流程实例	流程实例 ID、已完成的（待追回的）活动模板 ID、已完成的（待追回的）的任务 ID、用户 ID	追回是否成功提示信息
35		回退流程实例	回退本人签收的流程实例到指定流程节点	流程实例 ID、当前待处理的活动模板 ID、回退至上一级活动模板 ID、回退者用户 ID	回退是否成功提示信息

附表 2-2　　　　　　　　　　　　基础类服务列表

序号	分类	服务中文名	功能描述	输入	输出
1		字典全量库信息服务	此服务可获取调控云全量字典库信息	无	字典全量库信息
2		云端字典版本信息服务	根据节点 ID 获取节点的云端字典版本号	节点 ID	云端字典版本信息
3		节点字典版本信息服务	根据节点 ID 获取节点的字典版本信息	节点 ID	节点字典版本信息
4		字典表数量服务	获取云端最新版本字典表数量	无	字典表数量
5		单个字典表信息服务	获取单个字典表数据	字典表名	单个字典表数据
6	元数据字典类服务	字典更新状态服务	客户端更新字典后返回客户端版本状态	版本号、节点名称、返回消息、更新结果	客户端版本状态
7		字典服务代理服务	广域服代理访问接口	代理接口、接口参数	字典数据
8		字典表信息服务	返回当前全部字典表信息,包括字典表分类、校验码、分类创建人、分类创建时间、表名等信息	无	当前全部字典表信息
9		字典校验码核查服务	检查客户端字典校验码与云端是否一致	更新人、更新时间、所属调度、版本号、校验码	核查信息
10		字典客户端反馈信息服务	保存客户端反馈信息	更新人、更新时间、客户端单位名称、字典库版本号、客户端校验码	字典客户端反馈信息
11	元数据结构服务	元数据接收请求服务	提供客户端向云端请求更新元数据	接收状态、返回信息	状态信息

续表

序号	分类	服务中文名	功能描述	输入	输出
12		元数据全量库信息服务	获取最新的全量元数据信息	无	元数据全量库信息
13		元数据删除服务	获取云端元数据删除的表和属性	数据类型	云端元数据删除的表和属性
14		元数据删除情况反馈服务	获取客户端元数据删除表和属性反馈情况	表和属性删除信息	客户端元数据删除表和属性反馈情况
15		元数据树结构数据服务	获取元数据正式数据树形结构数据	无	元数据正式数据树形结构数据
16	元数据结构服务	接收元数据反馈记录服务	客户端向云端发送接收元数据的反馈记录	记录 ID、节点 ID、更新状态、返回信息	反馈记录
17		元数据访问记录服务	调控云元数据访问记录，记录客户端远程访问调控云元数据日志	客户端节点 ID、节点名称、访问客户端 IP、客户端名称	访问记录
18		收藏数据服务	获取收藏数据服务	应用 uisID、对象 ID、对象名称、用户 ID	收藏数据服务
19		元数据发布记录服务	根据元数据版本号，查询版本号对应的元数据发布内容	元数据版本号	元数据发布内容
20		元数据修改记录查询服务	根据版本号查询最新版本元数据发布的元数据信息	版本号	最新版本元数据发布的元数据信息
21		元数据查询服务	根据元数据类型，分类查询云端元数据信息	元数据类型	云端元数据信息

续表

序号	分类	服务中文名	功能描述	输入	输出
22	元数据结构服务	元数据发布情况查询服务	按版本号查询已发布的元数据信息	版本号	已发布的元数据信息
23		元数据未更新数据查询服务	根据版本号，获取该版本之后未更新的元数据数量，按不同类型分组返回	版本号	该版本之后未更新的元数据数量
24		元数据发布操作语句查询服务	获取对应版本元数据的数据操作语句	版本号	对应版本元数据的数据操作语句
25		元数据更新版本信息保存服务	保存客户端发送的版本更新信息	更新用户、更新时间、节点名称、客户端版本号、客户端校验码	状态信息
26		元数据校验码查询服务	获取最新版本元数据校验码	无	最新版本元数据校验码
27		元数据版本号查询服务	获取元数据最新版本的版本号	无	元数据最新版本的版本号
28		元数据代理服务	元数据广域代理服务接口	代理服务信息、代理服务参数	

附表 2-3 　　　　　　　　　　　模型类服务列表

序号	分类	服务中文名	功能描述	输入	输出
1	模型数据查询	模型数据查询	根据表名、对象 ID 获得详细信息	调用表名、对象 ID、需要展示的字段名	是否成功、错误信息、模型数据
2		模型数据个数查询	根据表名和筛选条件获得列表个数	调用表名、过滤条件	是否成功、错误信息、符合条件的个数
3		模型数据列表查询	根据表名和筛选条件获得数据记录列表	调用表名、每页记录数、页码、过滤条件、排序条件	是否成功、错误信息、符合条件的数据

序号	分类	服务中文名	功能描述	输入	输出
4	模型对象查询	模型对象查询	根据对象编码、对象 ID 获得对象所有表的详细信息	对象编码、对象 ID、读取对象表及属性	是否成功、错误信息、对象数据的每张表的详细属性信息
5		模型对象个数查询	根据对象编码和筛选条件获得对象列表个数	对象编码、过滤条件	是否成功、错误信息、符合条件的个数
6		模型对象列表查询	根据对象编码和筛选条件获得满足条件的对象列表	查询的对象编码、每页记录数、页码、过滤条件	是否成功、错误信息、对象数据的每张表的详细属性信息

附表 2-4   数据类服务列表

序号	分类	服务中文名	功能描述	输入	输出
1	量测数据服务	量测数据查询	查询发电机量测数据	对象 MeasDev 构成的集合数组、数据源标识、开始时间、结束时间、周期类型、时间步长	是否成功、错误信息、设备对象的返回 MeasValue 数据集合数组
2	预测数据服务	计划预测数据查询服务	根据设备或容器 ID、起止时间、步长、间隔、数据源、量测类型获取选定时间及设备或容器 ID 的计划预测数据	设备 ID、量测类型、数据源、开始时间、结束时间、步长、间隔	计划预测数据
3	管理数据服务	故障数据服务	提供电网模型卡片服务	对象编码、设备 ID、厂站 ID、故障开始时间、故障结束时间、故障类型、故障原因、开关状态、恢复时间	故障数据
4		检修数据服务	检修数据获取	电网 ID、检修开始时间、检修结束时间、厂站 ID	检修数据

续表

序号	分类	服务中文名	功能描述	输入	输出
5	气象数据服务	交流线路雷电数据服务	获取交流线路雷电数据	数据源ID、开始时间、结束时间	交流线路雷电数据
6		气象数据服务	获取气象数据	气象数据ID、数据源ID	气象数据
7		气象历史数据服务	获取气象历史数据	气象数据ID、开始时间、结束时间、数据源ID、气象数据类型	气象历史数据
8	有序用电服务	有序用电设备数据服务	获取有序用电设备数据	电网ID、查询时间、设备类型	有序用电设备数据
9		有序用电数据远程调阅服务	根据电网ID、量测类型、统计时间、周期类型、步长远程调阅省地数据	设备ID、量测类型、数据源、开始时间、结束时间、步长、间隔	有序用电数据
10	统计数据服务	概况数据服务	获取概况数据	电网ID、数据ID、数据状态、查询时间	概况数据
11		特征值查询服务	根据容器或设备ID、起止日期、数据源、量测类型获取选定时间的设备或容器ID的最大值、最小值、平均值	设备或容器ID、起止日期、数据源、量测类型	特征值
12		主变压器重载数据调用服务	根据电网ID及日期远程调阅省地数据	电网ID、日期	主变压器重载数据
13	实时数据服务	实时数据负载服务	根据电网厂站ID、设备ID、路由编码远程调阅省地数据	图形名称、场景、场景实例、子场景、子场景实例、keyID列表	省地数据

续表

序号	分类	服务中文名	功能描述	输入	输出
14	实时数据服务	实时缓存数据服务	根据ID、量测类型、数据源标识、开始时间等，获取电网频率数据	对象ID、量测类型、数据源标识、开始时间、结束时间、周期类型、时间步长	电网频率数据
15		实时数据平台设备负载信息数据查询服务	通过对象ID获取母线越限、变压器负载和线路负载的定制化数据	母线ID、变压器ID、线路ID	负载信息数据
16		实时数据平台微应用数据查询服务	通过对象ID获取线变组，发电机－变压器组模型增删改	发电机－变压器组、线变组ID	应用数据
17		实时数据平台设备运行状态接口	通过电网对象ID获取该电网区域内所有线路运行状态的定制化数据	线路ID、厂站ID	设备运行状态
18		实时数据查询	查询实时数据	设备类型集合,关键字ID号、column、表号、域号的组合编码	是否成功、错误信息、设备对象的返回MeasValue数据集合数组
19		实时数据平台设备负载信息数据查询服务	通过电网对象ID获取电网结构图卡片展示路径和卡片定制化数据	设备或容器ID	实时数据

附表2-5   计算类服务列表

序号	分类	服务中文名	功能描述	输入	输出
1	发电规模统计	年度发电规模统计计算	以电网为维度计算该电网年度发电规模情况	计算年度	是否成功、错误信息
2		月度发电规模统计计算	以电网为维度计算该电网月度发电规模情况	计算年度、计算月度	是否成功、错误信息

续表

序号	分类	服务中文名	功能描述	输入	输出
3	变电规模统计	年度变电规模统计计算	以电网为维度计算该电网年度变电规模情况	计算年度	是否成功、错误信息
4		月度变电规模统计计算	以电网为维度计算该电网月度变电规模情况	计算年度、计算月度	是否成功、错误信息
5	输电线路规模统计	年度直流规模统计计算	以电网为维度计算该电网年度直流规模情况	计算年度	是否成功、错误信息
6		月度直流规模统计计算	以电网为维度计算该电网月度直流规模情况	计算年度、计算月度	是否成功、错误信息
7		年度交流线路规模统计计算	以电网为维度计算该电网年度交流线路规模情况	计算年度	是否成功、错误信息
8		月度交流线路规模统计计算	以电网为维度计算该电网月度交流线路规模情况	计算年度、计算月度	是否成功、错误信息
9		年度直流线路规模统计计算	以电网为维度计算该电网年度直流线路规模情况	计算年度	是否成功、错误信息
10		月度直流线路规模统计计算	以电网为维度计算该电网月度直流线路规模情况	计算年度、计算月度	是否成功、错误信息
11	模型校验服务	模型校验统计值校验服务	针对调控云端统计信息实际值与计算值进行一致校验	无	是否成功、错误信息
12		模型校验合理性校验服务	针对数据属性值，表内属性对比，跨对象数据进行比较识别	无	是否成功、错误信息
13		模型校验一致性校验服务	根据返回客户端数据信息，校验客户端与云端数据的一致性	对象ID集合、节点ID、检验时间、MD5加密数据	是否成功、错误信息

续表

序号	分类	服务中文名	功能描述	输入	输出
14	模型校验服务	模型校验合理性系统校验服务	执行合理性系统任务校验	对象ID集合、节点ID、校验时间、MD5加密数据	是否成功、错误信息
15		模型校验规范性校验服务	执行规范性校验任务	无	是否成功、错误信息
16		模型校验完整性校验服务	针对各类模型对象、表、属性等信息完整性进行校验	无	是否成功、错误信息
17		模型校验冗余性校验服务	针对调控云端同一对象下，名称相同，ID不同的数据进行校验	无	是否成功、错误信息
18		模型校验ID校验服务	针对调控云ID编码生成规范进行校验	无	是否成功、错误信息
19		发电机基础校验服务	针对发电机对象进行单一对象校验	无	是否成功、错误信息
20		交流电路基础校验服务	针对交流线路进行单一对象校验	无	是否成功、错误信息
21		模型基础校验服务	执行模型基础校验	无	是否成功、错误信息
22		模型数据冗余校验服务	校验发送数据是否冗余	校验表名、需要校验的数据	是否成功、错误信息
23		单一数据冗余校验服务	针对单条数据进行冗余校验	校验表名、需要校验的数据	是否成功、错误信息
24		节点一致性校验服务	校验指定节点的数据一致性	节点ID	是否成功、错误信息
25		模型校验一致性校验服务	执行全部节点数据一致性校验	无	是否成功、错误信息

附表 2-6   展示类服务列表

序号	分类	服务中文名	功能描述	输入	输出
1		获取机构人员卡片	提供机构人员模型卡片	机构人员 ID	机构人员模型卡片
2		获取主网设备卡片	获取主网设备卡片展示路径以及标题样式等定制数据	对象 ID	是否成功、错误信息、对象格式卡片数据
3		获取配电网模型卡片	提供配电网型卡片服务	馈线 ID	馈线模型卡片信息
4	设备模型类卡片	通信设备卡片	展示通信站基础信息、站内通信设备信息、光缆信息、电源信息、电源接线图、沟道图等	通信站 ID	站点卡片信息
5		自动化设备卡片	以卡片方式展示自动化主站系统的信息	自动化主站系统 ID	自动化主站系统模型卡片信息
6		电动汽车充电站模型卡片	提供电动汽车充电站模型卡片服务	电动汽车充电站 ID	电动汽车充电站模型卡片信息
7		设备履历卡片	提供设备履历卡片服务	设备 ID	设备履历卡片信息
8		等值负荷卡片	提供等值负荷模型卡片服务	厂站 ID	等值负荷卡片信息
9		量测主题展示	以卡片方式展示当前发电厂的运行数据曲线	发电厂 ID	发电厂量测主题展示信息
10	运行数据类服务	故障卡片	提供电网故障卡片服务	电网数据 ID	电网故障卡片信息
11		停电计划卡片	提供厂站停电计划卡片服务	厂站 ID	厂站停电计划卡片信息
12		电量曲线卡片	提供电网电量曲线卡片服务	电网 ID	电网电量曲线卡片信息

续表

序号	分类	服务中文名	功能描述	输入	输出
13	运行数据类服务	负荷预测卡片服务	以卡片方式展示当前电网运行方式下，该电网系统负荷预测、有功功率等数据曲线以及偏差率曲线	电网 ID	负荷预测卡片信息
14		风电预测卡片服务	以卡片方式展示当前电网运行方式下，该电网风电预测、风电发电等数据曲线以及偏差率曲线	电网 ID	风电预测卡片信息
15		光伏预测卡片服务	以卡片方式展示当前电网运行方式下，该电网光伏预测、光伏发电等数据曲线以及偏差率曲线	电网 ID	光伏预测卡片信息
16		有序用电文件卡片展示	提供有序用电文件卡片展示	电网 ID、有序用电方案 ID	有序用电文件卡片展示信息
17		获取流域展示卡片	提供流域展示卡片服务	流域 ID	流域展示卡片信息
18		厂站气象信息卡片	提供厂站气象信息卡片服务	厂站站 ID	厂站气象信息卡片信息
19	外部环境类服务	气象站卡片	提供气象站卡片服务	气象站 ID	厂站气象信息卡片信息
20		山脉信息卡片服务	以卡片方式展示山脉信息模型信息	山脉信息 ID	山脉信息卡片信息
21		铁路信息模型卡片服务	以卡片方式展示铁路信息模型信息	铁路信息 ID	铁路信息模型卡片信息
22		公路信息模型卡片服务	以卡片方式展示公路信息模型信息	公路信息 ID	公路信息模型卡片信息

续表

序号	分类	服务中文名	功能描述	输入	输出
23	图形展示类服务	实时数据单线图展示	以卡片方式展示当前实时数据平台单线图数据	厂站 ID	实时数据单线图信息
24		实时曲线卡片服务	以卡片方式展示有功功率、无功功率、频率、电流和电压实时曲线信息	设备 ID	实时曲线卡片信息
25		单线图展示	以卡片方式展示当前模型数据平台单线图	厂站 ID	单线图信息
26		全息接线图常规图形主题接口	获取某一图形的常规主题图形	图形 ID、菜单权限	图形展示
27		全息接线图潮流图形主题接口	获取某一图形的潮流主题图形	图形 ID、调用模式 qx：菜单权限	图形展示
28	对象资产类卡片服务	多对象量测卡片服务	以卡片方式展示不同对象数据量测曲线及叠加计算曲线	所需查询的对象 ID 集合、日期类型、数据源、日期、是否显示厂站	多对象量测卡片信息
29		对象资产卡片服务	以卡片方式展示当前对象的数据资产列表以及资产数据有无状态的日历	对象 ID	对象资产卡片信息
30		数据资产卡片服务	以卡片方式展示当前对象 ID 的数据资产信息及曲线	对象 ID、资产 ID、数据源 ID 时间类型、开始时间	数据资产卡片信息
31	实时数据展示类服务	实时数据平台电网结构卡片展示服务	通过电网对象 ID 获取电网结构图卡片展示路径和卡片定制化数据	电网 ID	实时数据平台电网结构卡片信息
32		实时数据平台平衡数据卡片展示服务	通过电网对象 ID 获取平衡相关卡片展示路径和卡片定制化数据	变压器 ID、发电机 – 变压器组 ID、厂站 ID、拓扑母线 ID 或线路 ID	实时数据平台平衡数据卡片信息

续表

序号	分类	服务中文名	功能描述	输入	输出
33	实时数据展示类服务	实时数据单线图等值负荷替换展示	以卡片方式展示当前实时数据平台等值负荷替换后的单线图数据	厂站 ID	实时数据单线图等值负荷信息
34	地理信息服务	地理信息切片元数据服务	切片元数据	动态参数 {level} 为地图层级、{col} 为列数、{row} 为行数、{lng} 为经度、{lat} 为维度、{sr} 为半径	切片元数据结果信息
35		地理信息切片查询服务	切片查询	动态参数 {level} 为地图层级、{col} 为列数、{row} 为行数、{lng} 为经度、{lat} 为维度、{sr} 为半径	切片查询结果信息
36		地理信息地图元数据信息服务	地图元数据信息	动态参数 {level} 为地图层级、{col} 为列数、{row} 为行数、{lng} 为经度、{lat} 为维度、{sr} 为半径	地图元数据信息结果信息
37		地理信息电网出图服务	电网出图	动态参数 {level} 为地图层级、{col} 为列数、{row} 为行数、{lng} 为经度、{lat} 为维度、{sr} 为半径	图形展示
38		地理信息空间数据查询服务	空间数据查询	动态参数 {level} 为地图层级、{col} 为列数、{row} 为行数、{lng} 为经度、{lat} 为维度、{sr} 为半径	空间数据结果信息

续表

序号	分类	服务中文名	功能描述	输入	输出
39	地理信息服务	地理信息查询服务	数据查询	动态参数 {level} 为地图层级、{col} 为列数、{row} 为行数、{lng} 为经度、{lat} 为维度、{sr} 为半径	GIS 查询结果信息
40		地理信息判断空间图形是否覆盖服务	判断空间图形是否覆盖	动态参数 {level} 为地图层级、{col} 为列数、{row} 为行数、{lng} 为经度、{lat} 为维度、{sr} 为半径	结果信息
41		地理信息判断元素是否被面相交服务	判断元素是否被面相交	动态参数 {level} 为地图层级、{col} 为列数、{row} 为行数、{lng} 为经度、{lat} 为维度、{sr} 为半径	结果信息
42		地理信息根据地址信息查询兴趣点服务	根据地址信息查询兴趣点	动态参数 {level} 为地图层级、{col} 为列数、{row} 为行数、{lng} 为经度、{lat} 为维度、{sr} 为半径	结果信息
43		地理信息根据坐标位置查询兴趣点服务	根据坐标位置查询兴趣点	动态参数 {level} 为地图层级、{col} 为列数、{row} 为行数、{lng} 为经度、{lat} 为维度、{sr} 为半径	结果信息
44		地理信息地市编码查询服务	地市编码查询	动态参数 {level} 为地图层级、{col} 为列数、{row} 为行数、{lng} 为经度、{lat} 为维度、{sr} 为半径	结果信息

续表

序号	分类	服务中文名	功能描述	输入	输出
45	地理信息服务	地理信息多点构成面服务	多点构成面	动态参数 {level} 为地图层级、{col} 为列数、{row} 为行数、{lng} 为经度、{lat} 为维度、{sr} 为半径	结果信息
46		地理信息兴趣点缓冲区查询服务	兴趣点缓冲区查询	动态参数 {level} 为地图层级、{col} 为列数、{row} 为行数、{lng} 为经度、{lat} 为维度、{sr} 为半径	结果信息
47		地理信息路名查询服务	路名查询	动态参数 {level} 为地图层级、{col} 为列数、{row} 为行数、{lng} 为经度、{lat} 为维度、{sr} 为半径	路名查询结果
48		地理信息市县局查询服务	市县局查询	动态参数 {level} 为地图层级、{col} 为列数、{row} 为行数、{lng} 为经度、{lat} 为维度、{sr} 为半径	市县局查询结果
49		地理信息最短路径分析服务	最短路径分析	动态参数 {level} 为地图层级、{col} 为列数、{row} 为行数、{lng} 为经度、{lat} 为维度、{sr} 为半径	最短路径分析结果
50		地理信息获取最近道路交叉点服务	获取最近道路交叉点	动态参数 {level} 为地图层级、{col} 为列数、{row} 为行数、{lng} 为经度、{lat} 为维度、{sr} 为半径	最近道路交叉点

附表 2-7　　　　　　　　　　交互类服务列表

序号	分类	服务中文名	功能描述	输入	输出
1	人机交互类服务	调控云即时通信服务	即时通信所有附件上传至文件服务器，上传后返回文件ID，通过调用下载附件接口可直接下载文件	二进制文件、文件名称、文件大小、宽度、高度	文件消息
2		智能搜索服务	智能搜索利用成熟的搜索引擎技术，结合调控云业务和数据自身特点，实现模型、运行、事件、电网资料等各类数据的接入，对数据进行全面、快速的查询展示	各类设备厂站ID、各类设备厂站名称、文件名、电网关键字	搜索结果
3	评价服务	功能问题服务	提供应用功能问题评价卡片服务	无	错误码，卡片 URL
4		数据问题服务	提供数据质量问题评价卡片服务	无	错误码，卡片 URL
5	数据导出服务	导出一般数据服务	根据应用产生的列表数据导出	导出类型，表名，查询条件	是否成功，文件流
6		导出多数据集服务	导出多个数据集为一个文件	导出类型，组合查询条件	是否成功，文件流
7		页面导出服务	页面导出服务，通过传递对象，生成导出页面链接	表名组合	是否成功，导出页面的 url 链接